직물을 잇고
조각을
수선합니다

저소비 생활자를 위한
나만의 옷 수선

적흘을 잇고 조각을 수선합니다

박정원 지음

포르체

수선이라는 세계

환경에 관심이 없어도 되고 미적 선구안 따위 없어도 되며 패션을 몰라도 된다. 수선은 실로 하여금 더 낫게 하는 것. 그뿐이다.

나로 말하자면, 환경은 소중하지만 일회용품 사용엔 죄책감이 없었고 옷은 잘 입고 싶지만 옷 보는 눈은 없어 강남 지하상가에서 싼 옷을 골라 입으며 직장인 나름의 눈치로 가장 튀지 않는 스타일을 고수하는 그런 사람이었다.

지금의 나는 내 취향을 알고, 물건 보는 방법을 익히며 속옷과 양말 외에는 새 옷을 사는 일이 거의 없다. 친환경이라 말하는 것들을 믿지 않고 쓰던 것의 새로운 활용을 안다. 이러한 것들의 퇴적으로, 보통의 IT회사에 다니던 나는 옷을 해체하고 새로이 하며, 무언가를 낫게 하는 상상이 흘러넘치는 일상을 산다. 실로써 더 낫게 하는 것, 수선은 그뿐이었으나 나는 그뿐이 아니다.

'뭔 수선?'이라는 생각부터 든다면, 그 이유는 수선이 낯설기 때문이다. 수선이 낯선 이유는 새 옷을 사기 때문일 테고, '자꾸' 사는 이유는 유혹이 자꾸 침범하기 때문이다. 유혹은 어디서 오는가. '너 이제 이렇게 입어야 돼!' 하는 패션 광고에서 온다. 패스트패션을 아는 사람은 많지만 패스트패션을 이해하는 사람은 얼마나 될까?

빠른 패션! 빠른 유행!
아 네네 알고 있습니다.

아는데 왜 자꾸 사?
그것이 우리를 유혹하니까요.

유혹에 왜 흔들려?
예쁘니까요.

지난번엔 이게 예쁘다고 하지 않았어?
근데 이것도 예뻐요.

넌 어떤 게 예쁜데?

어떤 게 예쁘긴. 광고에 뜨는 게 예쁘지. 왜? 업계가 예쁘다 하는 걸 예쁘다고 믿으니까. 왜? 업계의 광고를 내 취향이라 믿어 버리니까.

그래서 이 책이 패스트패션에 대한 뻔한 비판 이야기란 것이냐, 하면 그렇지 않다. 누구나 다 아는 환경을 지키자는 이야기냐, 하면 또 그렇지 않다.

이 책은 취향을 찾아가는 여정에 가깝다. 내 수선의 시작은 표면적으로는 남는 (비싼) 재료가 아까워서였지만, 내면으로는 취향을 찾는 여정이었다고 할 수 있다. 이 재료를 가지고 무얼 할까 궁리하니 내 눈에 예쁜 것을 고민해야 했고, 예쁜 게 뭘까 하는 질문 속에서 환경이라는 이 골목, 매출 증진이라는 저 골목, 그냥 내 눈에 예뻐 보이는 그 골목을 들락날락하며 나의 갈 길을 조금씩 밟아 가게 된, 지극히 상업적인 목적에서 지극히 나와 직물과 실과 단추와 색깔과 기분과 무작위 같은… 지금 이 순간, 지금 여기의 나, 라는 존재의 영역으로 나아간 그런 에피소드다.

수선은 완성과 망침 사이를 고요히, 격렬하게 오가는 행위다. 망침이기도 하고 완성이기도 하다. 수선엔 명확한 방법이 있다고 여겨지고, 나 또한 그렇게 배웠지만 그건 수선의 '수'에만 해당하는 이야기다. 수선은 재킷을 새로 샀을 때

와 동일한 형태로, 단순히 길이만 짧게 고치고자 하는 행위
에 국한되지 않는다. 사실 아무렇게나 해도 된다. 정해진
형태 없이, 실로 더 낫게 하는 모든 행위가 수선이다. 그럼에도
수선을 기장 조절 정도로만 인식하는 이유는 직물에 대한
우리의 상상력, 쓰임에 대한 상상력이 딱 그뿐이기 때문이
다. 왜? 폭넓게 사용해 본 경험이 없으니까.

나는 헌 옷으로 액자와 가방을 만드는 수선 워크숍을 진행
한다. 정해진 방법을 동일하게 알려 주거나 하는 일은 없
다. 시간 내에 완성할 수 있는 가방의 구조를 가질 수 있도
록 도와줄 뿐, 각자 만들고픈 대로 찢고 이으며 디자인은
본인들이 한다. 주머니가 혓바닥처럼 튀어나오든 가죽이
울어서 쭈글쭈글해지든 하다가 옷을 잘못 잘라 구상과 다
른 형태가 되었든 어떻게든 계속하고, 어떻게든 완성한다.
　시간 내에 나의 것을 자르고 이어 붙여야 한다는 마음
은 몰입의 세계로 끌고 들어가, 남에게 뒤처지면 안 된다는
눈치 따위 들어올 틈이 없다. 처음엔 남보다 못하면 어떡하
나 불안을 안고 시작하지만 점차 자신만의 선택에 이끌려
고요한 몰입에 들어가고, 다른 사람이 화장실을 가는지 물
을 마시는지 알지도 못하게 된다. 결론적으로 같은 바탕지
를 나눠 주어도 천차만별의 모양이 나온다. 내 앞사람은 결

코 이 모양을 낼 수 없다. 나도 내 옆 사람의 모양을 낼 수 없다.

　비단 이건 액자나 가방뿐만이 아니다. 신발, 오브제, 옷, 보자기, 커튼, 장갑, 파우치, 소파, 방석, 깔개, 모자 등 직물로 이루어진 모든 것들, 나아가 나를 이루고 있는 모든 것들로 확장된다.

앞서 수선은 실로써 더 낫게 하는 행위라고 했다. 무언가를 정형적으로 고친다는 좁은 의미에서 한 발짝만 벗어나면 '낫게 하다'라는 것의 의미가 우리에게로 온다. '낫게 하는' 행위란 우리 모두에게 다른 의미다. 내게 나은 것이 당신에게 낫지 않을 수 있다. 그러니 낫게 하는 것이란 지극히 개인적이다. 수선으로 우리는 개인적인 것에 몰두한다. 그러다 내가 좋아하는 무언가를 찾을 수 있다. 뒤이어 자신을 둘러싼 물건을 돌아볼 수 있다. 문득 전에 해 보고 싶었으나 구매하기엔 아까웠던 무언가가 떠올라 시도해 볼 수도 있다. 이는 옷에서 직물로, 직물에서 다양한 소재 개별로, 개별적 소재에서 직물이 아닌 이번엔 다른 물성으로, 다른 물성에서 다른 물건의 수리로, 다른 물건의 수리에서 이윽고 물건을 보는 눈과 사지 않아도 될 물건을 가려내는 태도로, 그렇게 하나하나 확장될 수 있다.

어릴 적의 나는 의사, 변호사, 판사, 선생님, 과학자 같은, 뭐 부모님이 알려 주는 이런 직업이 세상의 전부인 줄 알았다. 개발자라는 직업도 대학교를 졸업할 즈음에야 알았다. 모임에서 사람들을 만나며 세상에 정말 다양한 사람과 직업이 있음을 알았다. 그즈음의 나는 대체적인 직업을 다 안다고 생각했다. 그러다 이 일을 하며 보이지 않는 직업이 있음을 알았다. 버클만 만드는 사람, 단추만 만드는 사람, 단추만 다는 사람, 단추 종류에 따라 단추에 천을 감싸는 사람, 단추에 들어가는 문양의 도안을 만드는 사람 등. 사람에 둘러싸여 살아도 사람과 만나야만 아는 것들이 있고 그 업계에 발을 들여야만 보이는 것들이 있다.

수선의 세계도 그러하다. 물건에 둘러싸여 살아도 관심을 가져야만 아는 것들이 있다. 울 소재는 열, 물은 금물로 알고 있지만 일부러 뜨거운 물에 적시는 기법으로 새로운 물건을 만들기도 한다는 것, 실오라기 하나 삐져나오면 잘라야 할 것처럼 굴지만 모든 실오라기를 다 흩날리게 하는 연출도 있다는 것, 옷에 펜 자국이 나면 어떻게든 지우려고 애를 쓰지만, 일부러 사인펜으로 글자를 쓰고 아크릴 펜으로 그림을 그리기도 한다는 것. 수선을 알면 알수록, 내가 알던 것은 매우 정형적인 일부분에 지나지 않음을 안다.

우리는 물건을 모른다. 만들고 고치고 버리는 이 모든 것이 세밀하게 나뉘어 있는 시대를 살기 때문에 특정 상태에서 사용하는 것 외에는 할 줄 아는 게 없다. 그럼 어떻게 될까? 그냥 돈만 쓴다. 그리고 광고에 나오는 것만 산다.

둘러싸인 것들에 이제는 관심을 가져 보자. 광고 속에서 맴맴 도는 것에서 한 발짝만 옆으로 비껴 보자. 나는 옷, 직물에 대해 잠깐 옆으로 비껴 볼 테다. 이를 시작으로 다른 또 한 발짝 옆으로 가 보길, 스스로만의 재미와 취향을 찾고 세상의 다양한 구성원을 알고 이를 다루는 사람들, 이를 만드는 사람들, 이를 키워 주는 지구까지 나아가 보길….

그러면 참 좋겠다.

목차

프롤로그 수선이라는 세계 5

1장 **고요한 실천의 시작**

세상 모든 물건을 사랑할 수 없는 우리는 18

빠르게 대체되는 이상형과의 만남 25

대체 불가능한 옷과의 만남 31

'수선'이라는 낯선 단어 35

직물과 사용자의 공생 44

수선 가이드: 모든 수선의 시작 52

2장 **우연한 자연스러움으로부터**

낙서 56

해진 것 65

얼룩과 구멍 71

수선 가이드: 처음 도전해 볼 만한 수선 77

3장　　　　　　　**친애의 아름다움으로부터**

표식과 표현　　　　　　　　　　　82

몸에 가까워진다는 것　　　　　　91

내 곁에서 떠나지 않는 것　　　　96

내면으로 향하는 것　　　　　　　101

4장　　　　　　　　**앎의 광활함으로부터**

해체할 용기　　　　　　　　　　112

실수는 없다　　　　　　　　　　119

나다움은 있다　　　　　　　　　125

5장 **환경과 수선**

친환경은 존재하지 않는다 · 130

실천은 상상할 때 존재한다 · 145

친환경 소재라 불리는 원단들 · 149

6장 **일상 속 수선**

무턱대고 시작하는 수선 · 162

모든 수선의 기본, 패턴 스티치 사용하기 · 163

스티치로 시작하는 수선/작업 첫걸음 · 168

헌 옷에서 수선 아이디어 얻기 · 177

옷을 뜯지 않고 할 수 있는 간단한 옷 수선 · 200

에필로그 나의 필요에 의한 삶을 알아 가는 것 · 210

고요한 실천의 시작

세상 모든 물건을
사랑할 수 없는 우리는

내게는 15년 된 부츠가 있다. 훨씬 전부터 엄마가 가지고 있었으니 더 오래된 부츠가 맞다. 그 녀석은 여러 차례 수선을 거쳐 엄마의 통통한 종아리를 포옥 잡아 주는 모양새로 늘어났다. 엄마가 나에게 넘겨주기 전 마지막 수선을 받았는데 그때 부츠 발바닥에 네 개의 작은 나사가 박혔다. 투박하지만 이것이 확실한 방법이라고 했단다. 스타킹 위로 느껴지는 작고 차가운 금속의 촉감을 이따금 밟으며 시간은 흘렀고, 뒷굽과 이어지는 밑창은 15년간 신어 온 내 발걸음에 맞는 탄성을 갖게 되었다. 그 사이 몇 켤레의 부츠를 더 장만했지만 모두 15년 된 부츠보다 일찍 수명을 다했다. 청바지를 입은 종아리를 포용하면서 라인은 잡아 주는 이 탄성 있고 질긴 발바닥의 부츠를, 그 어떤 새것도 뛰어넘지 못했다.

　수명을 다한 부츠 A는 2년가량 내 발의 역사를 가지고 있었으나 서너 차례의 수선을 견디기엔 너무 나약한 몸이었던지 이리저리 구멍이 빵빵 뚫리며 빗물이 발바닥에 스며들고는 이내 분리되었다. 또 다른 부츠 B는, A보다 좀 더 긴 3년여의 역사를 지닌 녀석이었으나 비 오는 날 종이가 불어 터지듯 굽이 부풀며 수명을 다했다. 구둣방 사장님의 이야기에 따르면 이 제품은 종이를 압축해 굳힌 저렴한 방식으로 제작되었는데, 이런 굽은 비나 눈에 젖으면 내구도가 급속히 떨어진단다. 그 이후에 구매한 부츠 C는 아직 수명을 다하진 않고 수선을 기다리며 자가용 트렁크에 실려 있다. '수선해야지, 수선해야지' 볼 때마다 생각했으나 여러 차례 단명한 부츠들로 인해 나는 수선 의지를 잃어 가고 있었다. 어차피 또 망가질 것이고, 수선으로 귀찮을 바에야 그냥 새로운 거 사는 게 이득일 테고, 수선비가 더 나올 수도 있고, 구둣방 찾는 것도 수고스러운, 편리한 구매를 위한 변명이 줄줄 나왔다. 그런데 막상 새로운 것을 구매하려 SPA 브랜드 매장을 방문한 순간 직감했다. 이건 또 반복될 것이다. 그곳에서 판매하는 부츠는, 내가 경험한 A, B, C들과 동일한 굽의 형태를 하고 있었다.

　나는 15년 된 부츠로 되돌아갔다. 자글자글한 가죽의 주름과 여전히 무심하게 박혀 있는 나사들에 다시 발을 가져갔다. 그리고 빌라 복도를 내디딘 순간, 낭창낭창한 바닥 굽에 내 발이 즉각 반응했다. 그래 이 맛이지.

부츠 A를 수선할 당시 나는 구둣방 사장님한테 핀잔을 들었다. 고쳐도 계속 떨어져 다시 오는 게 짜증이 났던지 이런 싸구려를 왜 신고 다니냐며 나무랐다. 무례한 사장님의 태도는 둘째 치고, 나는 싸구려가 무엇인지 알지 못했다.

소재나 만듦새를 보는 눈은 경험을 발판 삼아 길러진다. 직접 착용하며 좋은 촉감과 실루엣을 알아 가고, 일정 기간 세탁하고 수선하며 양질의 만듦새를 알아 간다. 이제 막 자신만의 물건을 모으기 시작했던 20대 초반, 나는 그것을 판단할 만한 경험이 부족했다. 그때 구둣방 사장님을 향해 어떻게 손님 물건을 두고 그런 말을 하냐며 수선이 끝나길 기다리는 내내 불편한 시간을 보냈다. 당시 시급 4,320원을 모으고 쪼개어 구매한 내게는 그 부츠가 결코 저렴한 부츠가 아니었기 때문이다. 그 뒤로도 부츠 A를 한두 번인가 더 수선했는데 나사 자국이 뿅뿅 뚫린 이 녀석을 버리지 않고 다시 수선한 이유는 싸구려라는 것을 인정할 수 없어서였다. 내가 소장한 옷들과 어울릴지 여러 차례 시뮬레이션을 돌린 끝에 골랐던 그 신발은 나의 어떤 옷과도 잘 어울렸고 내 발에 맞게 늘린 발볼과 닳을 만하면 보강되는 새 굽 덕에 신지 않을 이유가 없었기 때문이다. 부츠는 수선집에서 싸구려 취급당했으나 역설적이게도 수선을 통해 싸구려가 아니게 되었다.

수선한 부츠

세월을 거쳐 각기 다른 시기, 다른 곳에서 나사가 박힌 흔적. 나사 덕분에 나는 마음껏 신고 있다.

물건을 보는 눈은 '만듦새를 알아보는 눈'이기도 하지만, '물건을 대하는 시선'을 칭하는 표현이기도 하다. 15년 된 부츠는 여성화 전문 브랜드의 제품이었고 부츠 A, B, C는 보세 제품이었기에 품질은 큰 차이가 났지만 오랜 부츠 못지않게 닳으면 수선을 하고 더 편히 신으려 패드를 덧대거나 하여 짧은 기간이나마 내 발에 맞추어 갔다. 제품의 품질이 더 뛰어났다면 15년 된 부츠만큼이나 오래 신을 수 있었겠지만 언제나 뛰어난 품질의 제품만을 구매하거나 사용하기란 어렵다. 예컨대 나만의 물건 사용이란, 내 상황에 적합한 만듦새의 제품을 심사숙고하여 선택하고, 선택한 제품을 마음껏 활용하는 일에서 시작된다. 마음껏 활용하는 일은 자연스레 대상을 애정하게 만든다. 사람뿐만 아니라 물건을 애정하는 일은 여러 면에서 의미가 있다.

무엇을 애정하는지 데이터를 쌓아 가며 자신의 생활 습관을 알아 가는 것. 그것은 케어 라벨을 보고 세탁하는지 마구잡이로 건조기를 돌리는지와 같은 세탁 습관일 수도 있으며, 뒷굽의 바깥쪽이 닳게 걷는지 앞코가 닳게 걷는지와 같은 걷는 습관, 책에 낙서를 하는지 하지 않는지에 대한 읽는 취향일 수도 있다. 이것은 관심을 가져야지만 뒷굽의 마모 정도를 관찰할 수 있고, 애정하는 옷이 있어야지만 세탁에 주의를 기울이는 등 마음을 써야 알 수 있는 것들이다.

그렇게 얻은 대상의 데이터는 자신과 무관한 소비 흐름으로부터 우리를 지켜 준다. 내가 유독 좋아하는 원피스가 있다면 어떤 점이 좋은지를 알고 그에 부합하지 않는 옷은 가려낼 수 있고, 유독 손이 많이 가는 텀블러가 있다면 어떤 용량과 손잡이 타입 등을 좋아하는지를 알고 그에 부합하지 않는 것을 가려낼 수 있다. 물건을 애정하는 일을 통해 스스로의 소비 습관 혹은 생활 습관의 데이터를 쌓아 '필요'라는 구매 단계의 필터를 지닐 수 있게 된다. 필요가 결여된 구매에 애정 없는 소유는 늘어 간다. 물건을 애정하는 태도는 빠르게 흘러가는 산업사회의 불필요한 유혹으로부터 나를 덜 흔들리게 도와줄 것이다. 우리는 무엇을 필요로 할까, 이를 아는 것으로부터 내 물건의 연대기는 시작된다.

언제까지 부츠 이야기가 나오는가 싶겠지만 마지막으로 짧게 하나만 덧붙이면, 부츠 B를 수선했던 가게는 그간 방문했던 여러 구둣방과 달리 여성분이 하시는 곳이었다. 젊은 아가씨가 어쩐 일이냐는 질문을 시작으로 꽤 오랜 시간 이야기하게 되었는데, 사장님은 남편을 일찍이 여의고 생전 그에게 배운 구두 수선으로 자식 둘을 대학까지 보냈다고 했다. 그러나 요즘은 혼자 먹고살기도 벅차 이 일을 몇 년이나 더 할 수 있을지 모르겠단다. 이유가 뭘까요 물어보니, 요즘은 수선 안 해요 다들 새로운 거 사서 계속 바꾸지, 하며 30분 동안 본드를 바르고 불을 쬐길 반복하고는 4천 원을 받으셨다. 4천 원밖에 안 해요? 물으니 신발은 비싸도 사지만 수선은 비싸면 안 한단다. 요즘은 옷 수선집도 많이 없다. 고쳐 쓰기보다 새로 사는 데 익숙하다. 패션 유행 주기가 점점 짧아져 한 철 입고 장롱 어딘가에 쌓이다 보니 수선비를 들여 옷을 내 몸에 맞추기보다 만들어져 나오는 옷에 나를 맞추는 경향이 생겼다. 불편한 점이 있어도 참고 입다가 이내 손을 대지 않는다. 내 몸에 걸치는 것인데 사용하는 주체인 나에게 맞추지 않는 건 생각해 보면 참 요상한 일이다. 필요의 주체가 우리 자신이 아닌 물건이 된다면 세상에 존재히는, 그리고 앞으로 태어날 수백만 가지에 끌려다닐 테다.

우리는 아무나 사랑하지 않는다. 본능에 끌리더라도 내 시간과 사랑을 쏟을 만한 사람인지 숙고와 관찰의 시간을 둔다. 사랑하지 않더라도 아무나 곁에 두지 않는다. 다가오는 이를 경계하기도 하고 선의를 의심하기도 하며 나와 맞는 사람을 끊임없이 가려낸다. 세상 모든 것들을 사랑할 수 없는 우리는 이윽고 몸뚱이 하나만이 남는 죽음에 이르기까지 애정을 쏟을 수 있는 대상을 골라야 하는 운명인 것이다. 물건이든 사람이든 마찬가지로.

빠르게 대체되는
이상형과의 만남

생존과 밀접한 물건은 대부분 인간에 맞춰 진화해 왔다. 석기와 토기는 사용하는 이에 따라 보다 정교해졌으며 옷은 점점 입는 이에 맞춰 섬세해졌다. 뗀석기를 사용하던 때도 옷은 존재했다. 생존과 밀접한 물건이기 때문이다. 신체를 보호하기 위해, 사회적 계급을 나타내기 위해, 작업을 보다 편리하게 하기 위해. 그러던 옷을, 우리는 공부하고 여기에 맞추며 살아간다. 이제 생존이 아닌 옷 그 자체를 위하여 발전하고 있기 때문이다. 옷을 입는 이에게 맞추는 것이 아닌, 입는 이가 옷에 맞춰 살아가게 되었다. 기계도 아니고, 보조 도구도 아닌 이 지극히 생존적이고 아날로그적인 것에 어쩌다 스스로를 내어 주게 되었을까?

옷이야말로, 가장 가시적인 우상화의 도구이다. 옷은 생존만을 위한 도구였다가 계급사회에 들어 지위를 구분하는 도구로써의 역할이 추가되었다. 지위를 돋보이려는 가운데 작품이라 부를 수 있는 수많은 옷들이 탄생했다. 그리고 여기에 시장 경제가 밀려와 이제 옷은 지위를 돈 내고 산 것처럼 보일 수 있는 도구로 자리 잡았다. 스스로를 과시하기 위하여. 옷의 도구성은 가장 가시적이라는 특성 때문에 발전해 왔다. 브랜드의 존재도, 우리가 옷을 사는 이유도, 패션 산업이 발전해 온 이유도 모두 여기에 있다. 우리는 과시 앞에 스스로를 내주고야 마는 것이다.

밀려온 시장 경제는 특정 지위를 돈 내고 산 것처럼 보일 수 있게 해 주는 수많은 브랜드를 탄생시켰다. 여기에 패스트패션의 시대가 열리며 섬유들의 출시 주기가 빨라짐과 동시에 브랜드의 수가 불어났다. 우리는 패스트패션의 시대를 살기에 지금의 현상을 당연스럽게 받아들이지만 사실 이 시대는 브랜드의 발전을 도모하다 열렸다기보다 저임금 노동 시장을 찾아 움직이다가 물꼬가 트였다고 볼 수 있다. 생산 공장이 개발 도상국으로 옮겨 가기 시작하면서부터 대량 생산이 본격화되는데, 여기에 패션 브랜드가 합세하여 생산과 유통 전반을 빠른 사이클로 가져가게 된 것이다.

패스트패션 시대를 검색해 보면 최신 패션 트렌드를 빠르게 반영한 옷을 합리적인 가격으로 원하는 소비자를 위해 탄생했다고 하지만 나는 이것이 주객을 전도한 교묘

한 문장이라고 생각한다. 내가 겪어 본 바로 빠르게 제공되는 사이클은 빠른 유행을 만든다. 이 업계에 종사하기 전, 유행은 대중이 만드는 것으로 생각했지만 지금은 공급자가 없으면 유행도 없다는 사실을 안다. 한 문장으로 말하자면, '빠름'은 공급자에게서 나온다. 재빠른 공급자가 제안하여 이것이 대중에게 먹힐 때 유행이 된다. 유행의 속도는 기업, 브랜드, 매체가 만든다. 수용과 확산을 대중이 할 뿐이다. 패스트패션은 빠른 유행을 수용하고픈 소비자를 위해 탄생한 것이 아니라, 빠르게 만들어 빠르게 팔기 위해 기업이 만들어 낸 시스템 전반이었다. 우리는 왜 옷에 맞추고, 내가 맞춰야 할 대상을 왜 자꾸 구매하는가? 라는 질문의 본연에는 인간의 과시적 욕망이 있지만, 오히려 가장 직접적인 표면에는 과시할 것을 빠르게 제안하고 빠르게 판매하는 패스트패션이자 기업이 있다. 이는 달의 표면처럼 드러나지 않는다. 패스트패션은 기업 그 자체다.

이 현상의 내막은 이렇다. 우리는 그들에게 너무 빠르게 이상형을 제안당하고, 그들의 이상형을 너무 빠르게 수용하여 그들의 이상형을 완성하고 있다. 그리고 이는 유행으로 포장된다. 왜? 가장 가시적인 우상화의 도구라는 특성 때문에.

패스트패션 시대의 시작은 우리가 옷을 자꾸 사는 이

유, 자꾸 옷에 우리를 맞추는 이유로 이어진다.

계급 사회로 진입하면서부터 옷은 사치품의 반열에 들어섰으나 오래전의 옷은 시장에 침범당하여 입는 것이 아니었다. 계급에 의해 오랜 시간에 걸쳐 만들어졌고, 수가공에 대한 수가를 지급할 수 있는 지위에 따라 입었다. 계급을 나타내기 위한 옷 입기는 오늘날에도 존재하나 현재의 옷이 지니는 사치품의 의미는 계급이 아닌 시장이다. 시장에 맞춰 입는다는 것이란 행위적으로는 충동 구매이지만 의미적으로는 시장의 이상형을 자신의 이상형으로 착각하고 있다는 것이다. 그리고 패스트패션에 이르러 단기간에 만들어져 빠르게 바뀌는 기업의 이상형에 우리는 우리를 맞춘다.

이 업계에 우리가 원해서 만들어지는 옷은 없다. 업계가 철마다 만들어 낸 이상형만이 있다. 그 이상형은 매 시즌 바뀌어 지난 이상형에 홀려서 산 옷은 이번 이상형에 맞지 않는 철 지난 옷이 된다. 그렇게 네 번의 계절, 네 번의 간절기, 365일 동안 수천 개의 브랜드가 이를 동시에 수행하는 것이다. 그들의 거대한 움직임 속에서 지난달에 산 옷은 예전 옷이며 눈앞의 이 옷이 요즘 옷이라 믿어 버린다. 내 눈에 보이는 시즌 오프 세일 배너는 '이 제품의 이상형은 곧 대체됩니다'라는 대대적인 신호다. 그럼에도 지금 안 사면

손해일 것 같은 마음으로 조바심을 내며 산다. 수일 후, 이 상형은 정말 대체된다. 이렇게 빨라지는 옷장의 교체 주기를 우리는 패스트패션이라 부른다.

회사 점심시간에 밥을 먹고 한 바퀴 돌다가 들어간 SPA 매장에서 어쩌다 보니 잠옷을 들고나오고 주말에 친구들 옷을 봐 주러 갔다가 덩달아 블라우스를 들고나오는 그런 흔한 일들이 있었다. 흥미롭게도 이러한 행위는 내가 패션 업계에 종사하며 거의 자취를 감추게 되었는데 장사를 하면서 이 업계의 판매 생리를 경험하고야만 것이다. 취미로 만든 가방들이 어찌저찌 판매의 세계에 들어서며 팔리는 제품을 만들어야 했고, 계절이 바뀔 때마다 신제품을 선보여야 했다. 봄-간절기-여름-간절기-가을-간절기-겨울-간절기. 짧게는 네 번, 길게는 여덟 번의 시즌을 쉬지 않고 움직여야 브랜드를 각인시키고 판매 탄력성을 유지할 수 있었다.

　새 제품이 이렇게 자주 필요한가? 생각해 보면 그렇지 않았다. 가방은 사계절 다 들 수 있고 봄/가을옷은 여름을 제외하곤 다 입을 수 있으며 여름옷은 어떻게 겹쳐 입느냐에 따라 사계절을 입기도 한다. 누가 시킨 것도 아닌데 나는 초조하게 제품을 내고 있었다. 왜? 업계가 그러하니까.

업계는 왜? 팔아야 하니까. 시즌마다 촘촘히 나오는 옷들엔 우리의 미적 감각을 위한다거나 우리의 패션을 고도화하기 위함이라거나 하는 특별한 이유가 없었음에도.

아름다운 것과 유행에 끌리는 것은 너무 자연스러운 일이다. 특히 나는 이 업계에 종사하니까 더 많이 구매하여 잘 알아야 한다는 자기 합리화도 해 보았다. 지금은 나의 욕심과 충동이 보이고, 이를 받치고 있는 업계의 거대한 움직임을 예상해 본다. 이번 시즌엔 이런 스타일의 옷이 되게 많이 나오네? 이런 콘셉트를 정했구나, 곧 이런 옷을 입은 사람들이 더 많아지겠구나, 이러한 생각은 매번 똑같이 반복된다. 요즘 옷은 다음 시즌에 나올 요즘 옷으로 대체된다. 요즘 옷, 바꿔 말해 트렌드는 패션 시장이 만들어 낸 이상형의 교체 주기일 뿐이다.

우리는 어쩌면 내일 우연히 보게 될 옷을 소비하며 또다시 자기 합리화를 할지도 모른다. 입지 않으면 안 될 것 같은 옷은 죽을 때까지 나올 것이다. 돈은 소비했다 치더라도 물건이라도 남으면 좋으련만, 입지 않으면 안 될 것 같은 눈앞의 옷에 밀려 어제의 옷은 남지도 않았다.

대체 불가능한 옷과의 만남

요즘의 나는 이따금 옷을 구매하지만 그들의 이상형에 따라 옷을 사진 않는다. 이렇게 되기까지 꽤 오랜 시간이 걸렸다. 누군가 정해 준 모습에 끌려다니지 않기 위해선 내가 그리는 스스로의 모습이 있어야 하는데 특별히 끌리는 취향을 잘 알지 못했을뿐더러 스스로를 설명하기조차 어려웠다. 나를 설명하는 일은 여전히 어렵지만 내가 그리는 이상적인 취향은 이제 어렵지 않다. 많은 시행착오가 있었다. 충동 구매했다가 버려도 보고, 이런 옷이 있었는지 까먹기도 하고, 대체 왜 샀는지 스스로를 이해 못 하기도 했다.

자기를 표현하며 살아가는 현대 사회에서 옷을 사지 않기란 매우 어려운 일이다. 괜히 맞지도 않는 미니멀리즘을 따라 하여 가지고 있는 것들을 버렸다가 결국 또다시 구매하게 될 바에야 취향을 만족시키는 소유는 이따금 해도 좋다고 생각한다. 다만 옷을 구매함에 있어 신중함이 희박해지고 있다. 쉽게 휩쓸리고 쉽게 버린다. 우리는 죽을 때까지 옷을 구매하겠지만, 휩쓸려서 사지 않는 연습도 죽을 때까지 해야 한다. 곧 대체될 이상형을 언제까지 따라다닐 순 없는 노릇이다. 길게 함께할 옷을 찾아 그 녀석들을 차곡차곡 쌓아 가야지.

모든 옷이 골라내기 전부터 이건 나와 오래오래 함께할 옷이다! 라는 것을 알 수 있으면 좋겠지만 안타깝게도 구매는 언제나 실패의 확률을 안고 있다. 누군가에겐 지금이 실패를 거치는 시행착오의 기간일 수도 있고, 누군가는 시행착오라고 합리화하며 그 기간 속에서 벗어나고 있지 않을 수도 있다. 그래도 괜찮다. 아끼는 옷을 하나씩 발견하면 된다. 혹은 아낄 수 있도록 만들거나.

　내게도 그런 옷이 있다. 빈티지숍에서 구매한 멜빵바지였는데, 조잡하게 물 빠진 데님 색이 까무잡잡한 내 피부색과 유독 잘 어울렸고 좀 길지만 박시한 핏이 예뻐 보였다. 집에 들고 와 눈대중으로 수선을 하는데 이상하게 줄여도 줄여도 작아지지 않는 것이었다…. 혹시나 하여 케어 라벨을 보니, 남성용이었다. 심지어 키 175cm 이상이 입는 옷(내 키는 157cm이고, 미국 브랜드라 여자 옷도 큰 줄 알았으나 아무리 미국이라도 이렇게 클 리 없는 게 맞았다). 여하튼 실수로 구매한 이 옷은 몇 차례의 수선을 거쳐 기성품에서 보기 힘든 실루

엣을 갖게 되었는데, 공산품이 공산품이 아니게 되며 지금
은 내가 아끼는 옷 중 하나가 되었다. 남성용이자 여성용인
나만의 벙벙한 멜빵바지. 대체 불가능한 나만의 옷. 아끼는
옷은 이렇게 나타나기도 한다. 수선은 대체 불가능한 옷을
만드는 가장 쉬운 방법이다.

나는 수선을 위해 이 이야기를 쓰기로 했다. 우리는 수많은
직물에 둘러싸여 산다. 옷과 수건, 행주와 소파 커버, 컵 받
침과 식탁보, 담요와 파우치, 필통과 장바구니 등 무수히
많다. 때문에 재봉을 하면 내 생활에 관여할 수 있는 영역
이 넓어진다. 특히나 매일 입는 옷, 나를 가꿔 주는 옷들에
관한 영역이 특별해진다. 옷을 만들 수 있을 정도로 해박하
지 않아도, 내 체형만 잘 알고 있고, 내 체형에 필요한 수선
방식 한두 가지만 알고 있어도 실패하는 쇼핑이 현저히 줄
어든다(실제로 나는 특이한 경우를 제외하고는 허리 줄이기, 옷 끝단
줄이기 요 두 가지 수선만을 옷에 사용한다). 오늘날의 우리는 옷에
스스로를 맞춰 살기 때문에 허리통이나 어깨 품 등 하나만
맞지 않아도 손이 잘 가지 않는다. 그래서 딱 그 한 포인트
만 손봐 주면 대체 불가능한, 나만 입을 수 있는 옷으로 바
꿀 수 있다. 레이스 하나만 달거나 단추 하나만 바꿔 달아
줄 수도 있고, 구멍 나거나 지워지지 않는 볼펜 자국을 지

그재그 스티치로 메워 줄 수도 있다. 입지 않게 된 옷은 행주와 소파 커버, 컵 받침과 식탁보 등등 다른 물건으로 만들 수도 있다. 재봉을 배우는 것이 번거로울 수는 있겠으나 내 삶을 이루고 있는 것의 활용도가 버릴 것에서, 버리지 않는 것으로 바뀐다는 의미의 값어치는 매우 크다. 나는 옷을 배운 적은 있으나 잘 알지 못한다. 오로지 내 체형에 맞는 수선 요소와 내 취향만 안다. 이 두 가지만 알아도 내가 지닌 옷의 값어치는 두고두고 갖고 싶은, 대체 불가능한 옷, 혹은 물건으로 나아간다. 그리고 더 나아가 만들 수 있는 것들은 내 손으로 만들 수 있게 된다. 이는 비단 옷에만 해당하는 것은 아니다.

'수선'이라는 낯선 단어

나는 수선이라는 단어를 좋아한다. 대개 리폼과 수선은 구분되어 통용되기에 타인에게 의미를 전달할 땐 리폼이라는 단어를 사용하지만, 수선이라는 단어를 곱씹어 본 뒤로는 리폼보다 기존의 단어를 두루 사용하게 되었다.

우리는 수선이라는 단어를 곱씹어 본 적이 없다. 나 또한 그랬고 수선은 그냥 수선이지 단어를 뜯어볼 이유조차도 느끼지 않았다. 내가 이 단어를 뜯어본 이유는 옷을 변형하는 행위를 하다 보니 수선과 리폼의 경계가 점점 모호해졌기 때문이다.

가령 사용하던 침대보가 해져 여기에 스티치로 자수를 넣었다. 나는 이 녀석을 소파 커버로 사용했는데, 이것은 수선일까 리폼일까? 입던 와이셔츠에 아무리 세탁해도 지워지지 않는 얼룩이 생겨 여기에 프릴을 달아 줬더니 느낌이 완전히 다른 옷이 되었다. 이것은 수선일까 리폼일까? 사용하던 에코백 밑단이 터져 이 부분을 잘라 낸 짜리

몽땅한 에코백으로 만들었다. 이 또한 수선일까 리폼일까?

사전을 검색해 본 나는 '수선'이라는 단어가 지닌 세계에 긍정하지 않을 수 없었다.

'수선 修繕: 낡거나 헌 물건을 고침.'

'물건'. 수선은 바짓단을 줄인다거나 허리 품을 줄인다거나 하는 정도로 생각해 왔는데 옷을 넘어 다른 물건에도 적용할 수 있는 매우 큰 범위의 사전적 의미가 검색되었다. 생각해 보면 옷 외에 우산을 고치는 것도 수선이라고 하고 신발을 고치는 것도 수선이라고 한다. 그럼 TV를 고치는 것도 수선이라고 할 수 있을까? 아니, 대개 기계에는 '수리'라는 단어를 사용한다. 나는 '수리'도 검색해 보았다.

'수리 修理: 고장 나거나 허름한 데를 손보아 고침.'

둘 다 똑같이 고친단다. 그런데 우리는 두 단어를 구분해서 사용한다. 나는 한자를 보고서야 그 이유에 무릎을 칠 수밖에 없었다.

'수리'에 사용되는 두 번째 한자 '이치 이(리) 理'는 이치를 뜻하는 단어다. 그러니 이를 수리라는 뜻을 가진 앞의 한자와 더하면 '이치에 맞게 고친다'는 뜻으로, 그 쓰임에 내정된 뜻이 있다는 의미다. 딱 기계가 그러하다. 기계는 특정한 목적으로 만들어져 그 밖의 목적에 사용하는 것이 거의 불가능하다.

'수선 修繕'은 조금 달랐다. 이를 두 번째 글자에 사용된 한자를 뜯어보고 알게 된 건데, '선'에 사용되는 '기울 선 繕'을 분해해 보면 '糸'와 '善' 두 한자의 합이다. 앞의 한자 부수는 실을 뜻하는 '실 사 糸'이고, 뒤에 한자는 '좋을 선 善'이다. 실＋좋다. 다시 말해 실로 기워 더 좋게 하는 행위를 '수선'이라고 하는 것이다. 여기에는 정해진 이치가 없다. 반드시 아귀가 맞아야만 작동하는 것이 아니고 내가 사용하기에 더 나으면 되는 것이다. 실로서 더 낫게 하면 되는 행위, 이것이 '수선'이다.

더 낫게 하는 행위에는 리폼과 기장 수선에 대한 구분이 없다. 기장 수선도 더 낫게 하는 것이고 리폼도 더 낫게 하는 것이다. 요즘에야 수선과 리폼을 구분해 사용하지만 우리말에서 수선은 리폼을 포용한다.

그럼 리폼은 어디서 온 단어일까? 구체적으로 누가 가장 먼저 사용한 말인지는 명확히 알 수 없지만, 리폼은 1980년대 즈음 일본에서 확산되어 우리나라에 들어온 단어로, 서양에서 같은 뜻으로 통용되지 않는 일본에서만 사용하는 외래어다. 기모노를 고쳐 입는 등의 문화가 서양 문화와 어우러지고 발전하면서 때마침 패션 성장기를 만나 자연스레 탄생했는데, 군용점퍼에 자수 등을 새겨 입는 스카잔이라는 장르도 이러한 갈래에서 나타난 현상이다.

아이러니하게도 내가 일본에 있을 적, 일본에서는 우리나라에서 사용하는 '리폼'이라는 단어보다 '리메이크(リメーク)'라는 단어를 주로 사용하고 있었다. 일본에서의 '리폼'은 우리나라로 치면 수선과 리폼 그 어딘가의 단어인데 우리나라에 들어오며 아예 옷을 뜯어고치는 것만이 '리폼'으로 자리 잡은 듯했다. 그도 그럴 것이, 나만 해도 옷을 자주 고쳐 입다 보니 수선과 리폼을 구분하는 것이 어려워질 만큼 그 경계가 모호하다고 생각했다. 우리나라에선 옷을 고쳐 입는 것이 미처 문화로 자리 잡지 못했기에 '수선과 리폼은 조금 다르다'고 여겨진 것이 아닐까 싶다.

의외였던 것은, '리폼'은 영어에서 온 단어인데 정작 영어권에서 리폼이라는 단어가 동일한 용도로 사용되지 않는다는 점이었다. 오히려 '리폼'을 'alteration', 'upcycle', 'DIY' 등으로 다양한 표현으로 사용하는데, 이 세 단어의 발생 시기도 각자 다를뿐더러 모두 똑같은 리폼을 의미하지 않고 같은 리폼이라도 무게를 갖고 있는 의미들이 각자 달랐다.

　　나는 여기서 한 가지 공통점을 발견했다. 오래전부터 사용되어 온 단어들은 모두 수선과 리폼의 경계를 넘나들었다는 점이다. 영어 'alteration'과, 일본어 '오나오시(お直し)' 한국어의 '수선'이 그렇다. 다시 말해, 예전에는 수선과 리폼의 경계가 모호했고 오늘날에 들어서야 수선과 리폼은 저마다의 영역으로 구분되기 시작한 것이다.

오래전 재료들이 진귀했던 때, 자수 하나도 사람이 놓았고 염료 하나도 벌레 한 마리 한 마리를 잡아 일일이 염색했으며, 일일이 조개를 모아 오랜 시간 섭패의 과정을 거쳐 한 조각 한 조각을 만들어 냈다. 그런 귀한 재료를 한 철 쓰고 버릴 수 없었기에 귀한 것들로 만들어진 옷을 아이의 옷으로 여러 벌 나누어 만들거나, 인형을 만들거나, 대대손손 물려주거나 하는 일이 빈번했다. 이는 수선에서 벗어나는 일이 아닌 일상이었고 '수선'이라는 행위를 다른 행위로 쪼개어 구분할 필요가 없었다. 그러나 현대에 들어 옷을 한 철 입고 버리는 일이 잦아지며 옷의 형태를 변경할 일이 없어지자, 길이나 품 등을 고치는 일과 형태를 변경하는 일은 구분되기 시작했다.

　　여기서 한 가지 의문이 더 꼬리를 물었다. 우리나라에

서는 리폼의 뜻을 지니고 자연스레 만들어진 단어가 왜 없는가 하는 점이었다. 생각해 보건대 옷의 형태를 고쳐 입는 행위가 문화로 자리 잡기도 전에 시장 경제를 급속히 빨아들였기 때문이 아닐까 싶다. 우리나라도 분명 옷을 고쳐 입는 행위가 있었고 수많은 의상실과 수선실이 있었다. 전후 물자가 부족하던 시절 옷을 기워 입는 것이 드문 행위가 아니었을 것이다. 그러나 개발 도상국 시기에 우리나라는 선진국들의 제조공장 역할을 했다. 서양문화와 어우러지며 점프업을 하기도 전에 눈떠 보니 소품종 대량생산 시대는 일상이 되어 있었다. 특히 봉제산업은 당시 한국경제 성장에 중요한 위치를 차지하고 있었으니 새로 만들어지는 옷에 대한 열망은 사람들의 마음속으로 울컥울컥 들어왔을 테다.

행위로 보자면 리폼은 수선으로 시작하여 수선으로 끝나는 작업이다. 그 결과물이 매우 변형적인가 덜 변형적인가를 두고 리폼과 수선을 구분해 왔을 따름이다. 다시 말해 수선과 리폼을 구분하는 것은 결과물에서 비롯된 개념이며, 행위만으로 보자면 수선은 리폼을 끌어안는다. 수선은 범위의 제한 없이 옷을 고쳐 새로이 하는 자유롭고 포용적인 작업이다.

공구 주머니

워크숍 멤버가 사용하고 남은 청바지를 활용한 공구 주머니. 엉덩이 부분만 쑥 잘랐다. 용도는 바뀌었으나 바지를 손본 부분이 별로 없다면 이것은 리폼일까? 고치기보다는 해체했으나 입지 못하는 옷에서 사용하는 물건으로 바뀌었다. 이것은 수선일까?

수선은 선택과 변형의 행위다. 어디를 어떻게 바꿀지 선택해야 하며, 이를 어떻게 변형할지 궁리해야 한다. 그리고 선택과 궁리를 실천하며 자연스러운지 부자연스러운지를 감지해야 한다. 자연스러움이라는 것은 스스로를 연구하면서 감각에 다가온다. 미학적으로 아름다운지, 내 몸에 편안한지, 내가 표현하고자 하는 것이 담겼는지, 이러하여 수

41

선은 스스로를 드러내고 꾸미는 표현의 자유인 것이다.

수선은 자유로움으로써 시행착오에서 겪은 구매 실패를 큰 확률로 구제해 줄 수 있다(실제로 나는 이렇게 아끼는 옷을 갖게 된 케이스가 매우 많다!). 왜냐면 나를 아는 친밀한 옷이 될 것이기 때문에.

앞서 '수선'과 '수리'의 두 번째 글자만 이야기했으니 이번에는 앞 글자 '수'를 이야기해 보겠다.

> '닦을 수 修'.
> 1. 엮다, 닦다, 익히다, 연구하다(研究—)
> 2. 꾸미다, 엮어 만들다
> 3. 고치다, 손질하다

그러니까 1. 실로 기워 연구하고, 2. 실로 기워 꾸미고, 3. 실로 기워 고치는 것.

수선의 세계가 여기에 있다.

수선은 맡기는 것에서 첫발을 떼지만, 스스로를 드러내는 표현의 자유라는 점에서 가급적 재봉틀을 배워 보기를 추천한다. 내 경우, 체형 특성상 기성품 바지나 치마가 몸에

1장 고요한 실천의 시작

맞지 않아 항상 수선을 해 입었던 탓에 꼭 한번 배워 보고 싶었다. 처음에는 치마를 배우고, 다음에는 재킷을, 또 그 다음에는 바지 수선을 배웠다. 이것들을 다 기억하지는 못한다. 머릿속에서 대부분 휘발되어 당시 수선집에 맡기곤 했던 허리를 줄이고 밑단을 수선하는 방법들만 일상에서 쓰이고 쓰여 내 손에 남았다. 옷장 속 대부분의 바지들이 내 재봉틀을 거쳐 가는 동안 단 몇 가지의 기술만을 반복하는 일은 점점 나를 혼자만의 실험실로 빠지도록 이끌었다. 이 이상 할 줄 아는 게 없으니 할 줄 아는 한두 가지의 기술로 온갖 것들을 하기 시작했다고 볼 수 있다.

바지의 천을 뜯어 새롭게 박는 이 단순한 행위. 바지는 자주 해체되었고, 해체된 것은 다시 만들어졌다. 그게 무엇으로 만들어질지는 나의 필요에 따라 그때그때 달라졌다. 옷이 될까? 가방이 될까? 아니면 다른 무엇이 될까? 나의 옷 이야기, 나아가 우리의 옷 이야기는 여기서 시작된다.

직물과 사용자의 공생

나의 수선 이야기는 기술적이거나 도덕적이거나 혹은 미학적이지 않다. 신석기 시대부터 이어져 온 의복의 역사를 근 몇 년의 짧은 나의 역사로 기술하기엔 턱없이 모자라다. 패스트패션에 대한 경각심을 사회 운동적으로 이야기하기엔 나부터가 폴리에스터의 굴레에서 벗어나지 못한 어쩔 수 없는 현대인이고, 수선에 대하여 미학적으로 기술하기엔 현대미술도 이해하기 어려운 사람이다. 나는 고침이 필요한 옷으로 이것저것 만드는 나날을 말할 뿐이다.

패스트패션은 적게 사면 좋지만 그렇다고 모두가 환경 운동가적인 시선으로 살 수 없다. 수선을 배운다고 하여 인체의 모든 부분을 다 알 수 있는 것도 아니며 입지 않게 된 옷을 지구를 위한답시고 버리지 않은 채 평생 보관해야 하는 것도 아니다.

나의 수선 이야기는 직물과 그 사용자의 공생, 그뿐이다. 사용자의 생활 반경에 들어온 옷을 튕겨 나가지 않게 하기 위한 숨겨진 가능성에 대한 발견, 이후 옷으로써의 역할을 마치고 다시 직물로 돌아간 것에 숨겨진 가능성에 대한 발견. 이는 옷에서 발견하는 그 어떤 것으로부터 내 몸에 대한 새로운 발견과 취향의 발견으로 이어지는 순환이다.

　나는 수선을 하며 버리는 옷이 거의 없어졌다. 근 몇 년 새 버린 옷이라곤 세탁을 잘못하여 얼룩덜룩 물들어 버린 흰옷 한 벌 뿐이다(지금 생각하면 물든 그 옷조차 어딘가 쓰임이 있지 않았을까 싶다). 디자인이 마음에 들어 구매했으나 막상 내 몸에 어울리지 않았을 때, 무엇 때문에 어울리지 않는지 요목조목 궁리한다. 칼라 너비인지 허리 곡선인지, 기장의 어중간함인지 등을 따져 반드시 찾아내고야 만다. 내가 고칠 수 있는 부분은 고치고 내 선에서 깔끔하게 처리하기 어렵다 싶은 부분은 수선집에 맡긴다. 어떤 빈티지 치마는 패턴이 너무너무 마음에 들었는데 치마의 기장이 마음에 들지 않아 아예 상의 조끼로 바꾸어 버렸다.

이 옷은 세상에 단 한 벌밖에 없다. 그리고 때가 되어 입지 않게 되면 아마 또 다른 무언가로 바뀔 것이다.

　수선을 배우기 전의 나는 나를 돋보이게 해 줄 옷을 찾아 헤맸다. 그런 옷이 보이지 않으면 보일 때까지 몇 날 밤을 헤매다가 '그럼 이거라도…' 하는 마음으로 어중간한

빈티지 치마와 조끼

옷을 사들이곤 했다. 지금은 내가 돋보일 수 있도록 옷을 나에게 맞추고, 나에게 맞출 수 없는 옷은 내 것이라고 생각하지 않는다. 이렇게 생활 반경에 들어온 옷은 이제 쉬이 버릴 수 없다. 수선을 거치며 묻은 애착, 누군가에게서 전가되며 묻은 이야기, 옷의 역할을 다해 직물로 돌아가더라도 애착과 이야기는 남는다. 그로부터 새로운 쓰임의 가능성을 발견하는 것. 이러한 과정을 통틀어 나는 수선이라 부른다. 동네 빈티지가게 사장님으로부터 팔리지 않은 옷을 넘겨받아 만든 컵 받침과 가방, 내가 오래 입은 옷과 오래된 가죽 가방의 조각으로 만든 직물 액자. 나의 소유물은 수선으로 가득 차 있다. 옷을 고치는 행위는 산업의 속도에 강요당하지 않는 순박한 행위다.

이런 생각을 하기까지는 마음의 허들이 있었다. 패스트패션을 지양하지만 옷은 좋아한다는 죄책감, 정식으로 옷을 공부한 사람이 아니라는 걱정, 타인으로부터 평가받는다는 두려움. 역설적이게도 옷을 접하면 접할수록 이러한 허들은 점점 낮아져 갔다. 죄는 사람에게 있었지 옷에는 죄가 없었다. 옷이 미치는 대부분의 문제는 인간의 대량 생산에서 비롯됐다. 옷을 정식으로 공부하지 않아도 브랜드를 하는 사람은 많았다. 옷 패턴과 재봉을 모른 채 브랜드를 하는 사람도 있었다. 평가받는다는 두려움. 이것은 가장 버거운 것이었다. 사람은 타인의 시선으로부터 자신의 가치를 얻으려 한다. 반대로 생각하면 타인의 눈에 비치는 모습으로 자신을 드러내고 싶어 한다는 것인데 문제는 내가 자신을 드러내는 연습을 하며 살아오지 않았다는 점이다.

스스로 만든 무언가를 처음으로 SNS에 올리던 날 똑같은 게시글이 반복적으로 숨김 처리되었다. 알고리즘의 검열이 아닌 나의 검열에 의해. 너무 젠체하는 것처럼 보일까 봐 두 음절을 고르는 데 시간을 들이고, 별거 아닌 제품이 포부 가득한 것처럼 보일까 무심히 만든 척 말투를 더듬었다. 사람들의 반응이 있으면 좋아해 주어 다행이라며 있는 대로 안심했고, 없으면 나쁜 말이 달리지 않아 없는 대로 안심했다. 사람들은 내가 자신 있게 업로드한 것에는 반응이 덜하고, 자신이 없어 몇 날 며칠을 고민하다 올린 것에 반응했다. 사람들에 의해 내가 크게 걱정할 일은 잘 일어나지 않으며, 자신이 있고 없고는 내가 판단해 보았자 별의미가 없었다. 우리가 세상 모든 물건을 사랑할 수 없는 것처럼, 사람들도 나의 모든 제작물을 좋아해 줄 수 없었다. 이 모든 말은, 내가 걱정하는 허들이 고작 내 머릿속에 갇혀 그곳에서만 핑퐁처럼 격렬히 튀어 대고 있었을 따름이라는 의미다.

수선, 혹은 리폼은 이와 같은 과정을 연습할 수 있는 좋은 기회다. 비정형과 정교하지 않은 작업을 수행하며 정해진 것으로부터 나를 잠시 떼어 놓는다. 이것들은 여전히 대중적인 반응과는 거리가 있지만 판매라는 금전적 평가를 신경 쓰지 않고, 사람들이 선호하는 색감을 신경 쓰지 않고, 그때그때 있는 옷 조각으로 격렬히 튀어 대는 핑퐁볼에게서 자유로워질 수 있는 영역이다. 비정형은 아름답지 않을 수 있다. 정형과는 다른, 규칙을 깨는 것이고 익숙하지 않은 것이다. 여기에 평가의 기준은 존재하지 않는다. 평가받는다는 두려움은 생각조차 자유롭지 않게 한다.

우리는 자유롭기를 원하지만 마음 가는 대로 할 수 있는 상태가 되면 어쩔 줄 몰라 한다. 마음 가는 대로 그려 보세요, 마음 가는 대로 적어 보세요. 모두의 펜대가 종이 앞에 막연해진다. 우리는 매 순간 정해진 것을 한다. 정해진 일터에 가서 정해진 일을 하고, 정해진 시간에 밥을 먹고 정해진 루틴에 따라 일과를 보낸다. 정해진 것을 하다가 정해지지 않은 것을 하려니 무엇을 드러내야 할까?

생각을 표현하는 일이란 머릿속에 안개처럼 퍼져 있는 느낌을 전달 가능한 무언가로 구체화하기 위해 감각을 지긋이 들여다보아야 하는 일이다. 가령 사과가 맛있다고 느낄 때 그냥 '맛있다'가 아닌 '노란 과육에서 사각사각 배어나는 달달함'과 같이 구체화해 보는 일이다. 이는 글을 쓰든 요리를 하든 옷을 고르든 수선을 하든, 행위의 밀도를 채워 줄 것이다. 여기엔 연습이 필요하다.

처음 시도하는 '마음 가는 대로'는 내 마음이 안정감을 느끼는 모양새, 혹은 거슬리지 않는 모양새면 충분하다. 마음 가는 대로 그려 보세요, 라는 이야기에 처음엔 동그라미만 그리다가, 그다음에는 동그라미 두 개로 눈사람을 그리고, 다음엔 동그라미 세 개로 동물을, 또 그다음엔 동그라미 네 개로 얼굴을 그리며 스스로를 투영할 무언가로 점점 확장되어 간다.

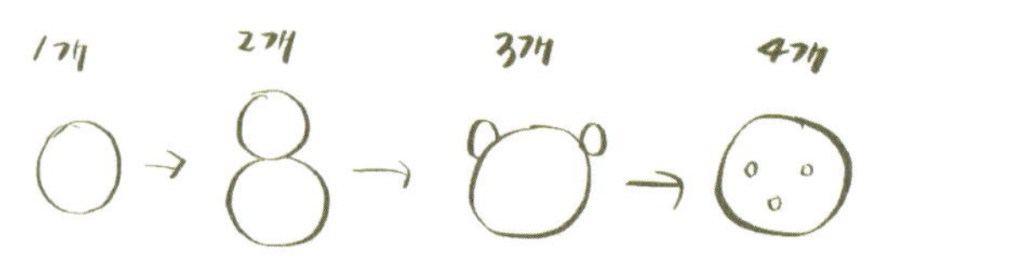

생각의 발전 단계

우리는 결국 나와 친숙한 것들을 드러내게 되어 있다.

이게 도대체 수선이랑 무슨 상관인가 하면, 수선은 상상에서 시작된다. 내가 상상하는 어떠한 실루엣, 어떠한 기장, 어떠한 형태를 구체화하는 작업이다. 내가 어떤 옷을 구상할지조차 상상이 안 된다면, 간단한 변형, 혹은 친숙한 변형부터 시작할 수 있다.

얼룩진 와이셔츠에 프릴을 달아 가려 보거나, 밑단 올이 나간 카디건에 레이스를 달아 감춰 보거나, 단색의 의류에 단추를 달아 포인트를 주는 등 손바느질로도 가능한 일들이 있다(시간은 걸리겠지만…).

단추 달이도 수선이냐 묻는다면 이것 또한 수선이다. 내 생각대로 고쳐 쓰는 모든 변형은 수선이다.

여기엔 거창함과 사소함의 구분이 없고 좋고 나쁨의 기준도 없다. 상상을 구체화한다는 점에서 창작이기도 하고, 개인화되어 소유자와 보다 오래 함께한다는 점에서 물건의 고쳐 씀이기도 하다. 내 취향을 드러낸다는 점에서 꾸미는 일이기도 하고, 내 마음 가는 대로 실천한다는 점에서 스스로를 들여다보는 연구이기도 하다. 이것들은 하나하나 모여 대체 불가능한 나만의 것으로 남는다. 입지 않게 된 옷들이 모여 내 손에 익은 재료로 남는다. 그 익은 재료를 하나하나 요리하여 스스로를 꾸미고 고치고 연구하며 맛보는 연습. 몇 날 며칠이 걸려도 상관없는 연습. 산업의 속도에 강요당하지 않는 순박하고 고요한 실천. 그리하여 우리는 직물과의 공생에 이르는 것이다.

이처럼 직물과의 공생에 이르는, 그리하여 수선을 이루고 있는 것에 대하여 적어 보려 한다.

옷도, 가방도, 작품도 모두 단순한 전개로부터 출발한다.

사용하지 않는 옷감이 있다면 네모난 모양으로 잘라 다른 조각들을 이어 붙이거나, 자수 실로 표현해도 좋다. 평범한 네모, 세모, 동그라미 모양으로 잘라도 상관없다.

동그라미는 위로 네모는 아래로, 또 세모는 위로 네모는 아래로, 마구잡이 배치를 해도 좋다.

내 눈에 불편함이 없는 배치를 골라 재봉한다.

이것은 평가의 대상이 아니다. 정해진 쓸모가 있는 것도 아니다. 컵 받침이 될 수도 있고 벽에 붙여 두는 오브제가 될 수도, 책갈피가 될 수도 있다. 우리는 이 작은 네모에 무엇이든 표현할 수 있고 어떤 것으로든 사용할 수 있다.

2장

우연한 자연스러움으로부터

낙서

이따금 오전 7시에 여는 카페에 들른다. 우연히 길을 잘못 들었다가 발견한 곳인데 이용원과 머리방, 방앗간과 쌀집이 늘어서 있는 옛 골목에서 휘적휘적 돌아가는 웬 거대한 로스팅 기계가 유리 너머에 서 있는 다소 뜬금없는 골목의 전개였다. 4평 반 정도의 공간에 테이블이라곤 없이 핸드드리퍼 대여섯 개가 카운터 행거에 대롱대롱 매달려 있었는데 사장님은 커피를 내리는 중간중간 로스팅기에 손전등을 들이대며 알갱이들을 자주 들여다보았다. 커피에 몰두해 버린 사장님의 작은 세계.

카운터에는 메모장 같은 낙서가 적힌 천 조각이 걸려 있었다. 자세히 보니 티셔츠였는데 거기엔 커피에 대한 몇 문장이 적혀 있었다. 주욱 읽어 나가 보니 사장님의 세계이자 이 공간에 대한 이야기였다. 손님인 내 입장에서 카페에 대해 말로 다 하지 못했던 느낌이 있었는데 문장들을 읽으며 네 평 반의 세계가 구체화되기 시작했다.

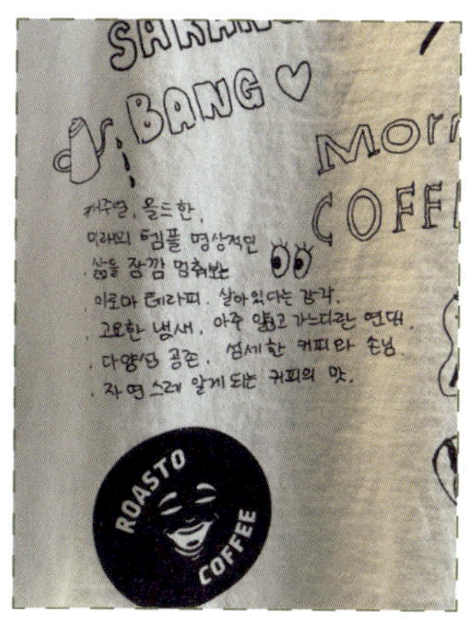

티셔츠는 사장님의 아로새긴 낙서였다.

가느다란 물줄기로 시간을 들여 내려 주는, 흘러나오는 재즈와 클래식으로 그 시간을 기다려야 하는 커피에는 이유가 있었음을, 낙서를 보고 비로소 알았다.

나는 이 감각이 마음에 들었다. 아로새긴 낙서 같은 것. 무심코 나온 듯하지만 마음 어디에선가 무의식적으로 반복되어 나와 버린 것. 그러한 것이 무작위로 나열되어 눈에 담을 때마다 어딘가에 영향을 주는 것. 이는 마치 내가 작업을 할 때 우연히 나온 비정형을 자연스럽다고 느낄 때의 마음이었다.

무언가를 창작하기 시작했을 무렵의 나는, 자꾸만 의미와 이유를 찾으려 들었다. 색깔 하나를 배치함에도 이유를 찾으려 들었고, 그 결과물이 예쁘지 않으면 이 작업의 의미가 없다고 생각했다. 세상에 존재하는 작품을 이루는 요소요소가 다 이유를 가지고 만들어진 것이 아님에도 타인의 작품을 볼 때면 거기서 특별한 것이 있을 것이라 생각해 자꾸 무언가를 찾아내려 하고, 내 것을 만들 때면 누가 보아도 보편타당한 질서나 타인의 수긍이 뒤따르는 무언가가 있어야만 한다고 생각했다.

추상화를 보고 어렵다 느끼는 이유는 추상적인 것에서 해석을 찾으려 하기 때문이다. 어려울 수밖에 없다. 추상은 눈앞의 정물이나 구체적인 언어로 쓰는 것이 아닌, '느낌적 느낌'을 토대로 만들어진 작품이기 때문이다. 이 명확하지 않은 것에 가치가 부여되는 이유는 '느낌', 말로는 다 표현할 수 없는 '느낌'을 전달하기 때문이다. 느낌은 마구잡이로 밀려온다. 대화나 글처럼 순서를 가지고 구현되는 대상이 아니다. 이러한 것에 일일이 이유와 의미, 혹은 보편적인 미관상의 질서가 없으면 함부로 시도할 수 없다고 여겼으니 쉽게 무언가를 시작할 수 없던 건 당연했다.

그랬던 내가 옷을 해체하고 다른 무언가로 다시 만들면서부터 만드는 행위에 대한 보편과 질서를 신경 쓰지 않

게 된 건, 창작이라는 행위에 어떤 숭고한 깨달음이 있어서
가 아닌 애석하게도 헌 옷을 무턱대고 다루었기 때문이었
다. 해체를 할 때면 가위로 북북 잘라 댔고 재조직을 하다
가도 실패하면 어쩔 수 없지 뭐, 하는 생각 그 이상도 이하
도 아니었다. 이것들은 비정형적이었고 조잡했으며 어색
했다. 어색한 것들은 반복되어 익숙해졌고, 그 반복된 것으
로부터 내 마음에 들어오는 것들이 하나씩 탄생했다. 제거
되지 않은 실밥들에서 다듬어지지 않은 마음이 표현되었
고, 실수로 낸 구멍을 가리려던 지그재그 스티치에서 실의
얕고도 깊은 존재감은 드러났다.

스티치

나는 이런 정리되지 않음을 환영한다. 우리는 항상 정리된
상태가 아니다. 우리는 언제나 흐트러질 수 있다. 정리되지
않음을 드러냄으로써 이를 부끄러움이 아닌 그 자체로 받

아들이는 즐거움을 알아 간다.

그날 카페에서 티셔츠를 보고는 알게 되었다. 수선이든 리폼이든 내가 무언가를 만드는 것에 익숙해진 건, 이 행위가 무턱대고 쓴 낙서로 자리 잡았기 때문이었다는 걸. 나는 천 조각으로 낙서를 해 왔던 것이다. 낙서는 무심코 저지르는 순간순간의 선택이었다. 여기엔 흥망성쇠 따위 없다. 숭고한 철학도 없다. 그냥 어쩌다 저지른 선택이 있다. 이 '무심코'의 가벼움은 질서와 보편으로부터 나를 비정형의 세계로 이끌었다. 내가 만약에 티셔츠에 낙서를 한다면 무엇을 쓸까? 티셔츠를 본 다음 날, 나도 낙서를 해 보았다. 지금 당장 떠오르는 것들을 적었다. 그리고 남편에게도 몇 문장을 받아 그것들을 한데 모아 캔버스천에 인쇄했다. 매사에 스스로와 관련된 고민을 많이 하는 사람인 나는 끈기나 자신감에 관련된 문장이 많았고 관계 지향적인 사람인 남편은 주변 환경과의 관계와 관련된 문장이 많았다. 무심코 떠오른, 아로새긴 낙서였다.

인쇄 천을 펼쳐 보고선 이걸 어떻게 활용하지? 하는 생각으로 꼬박 하루를 고민했다. 자기암시를 주는 표어 같은 걸 만들려 했는데, 막상 많은 문장들을 보니 어디부터 손을 대

2장 우연한 자연스러움으로부터

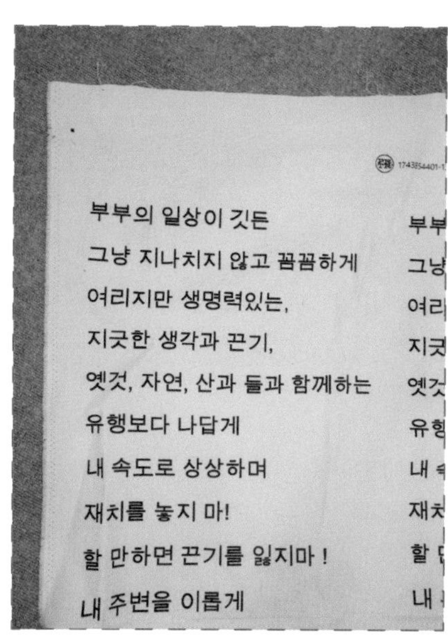

캔버스 천에 인쇄한 글귀들

야 할지 갈피가 잡히지 않았다. 무턱대고 남편이 인쇄해 달라고 한 문장부터 오려 냈다. 오리고 또 오려서, 단어와 단어 사이를 잘라서 얼마 전 플리 마켓에서 골라 온 옷감 하나를 가져와 펼쳤다. 때마침 폭이 큰 색의 대비가 마음에 들었고, 자르고 보니 소박한 감청색의 리넨이 남편이 고른 문장과 퍽 어울렸다.

나는 하나하나 마음 가는 대로 문장을 나열하기 시작했다. 각 문장의 음절을 잘라 이 단어 저 단어를 조합해 보

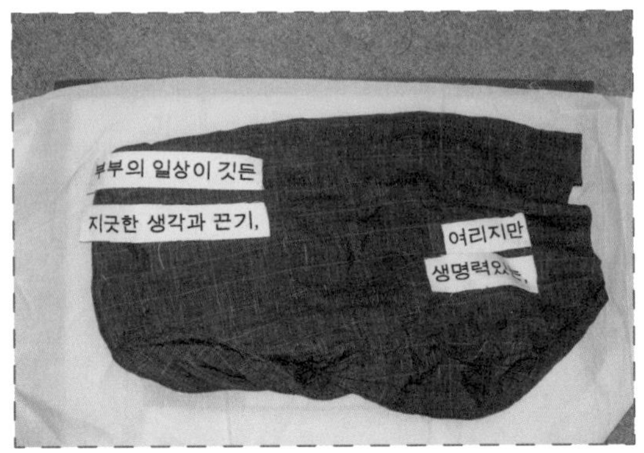

글귀를 활용한 수선

고, 테트리스처럼 배치도 해 보며 별개의 문장이었던 것들을 하나의 문장으로 이었다. 그렇게 마음에 드는 흐름을 더듬었다. 대충 눈대중으로 두었으니 수평은 맞지 않았고, 귀찮아서 실밥도 정리하지 않았다. 주름진 감청색 천은 다림질도 하지 않은 채였다. 그것이 참 마음에 들었다.

주름은 바다와 같은 물결로 다루었고, 비뚤어진 단어들은 기우뚱대며 중심을 찾으려 애쓰는 우리의 모습으로 대하였다. 이따금 이 조각들에 눈을 마주친 남편이 자신이 아로새긴 것들을 떠올리면 좋겠다는 마음으로.

순간 이를 보던 남편이 대뜸 네가 적은 문장도 같이 섞어 달라며 등 뒤에서 말을 걸어왔다. 남편은 내 문장 중 하나를 골랐는데, 왠지 액자가 너무 꽉차 보여 나는 글자가

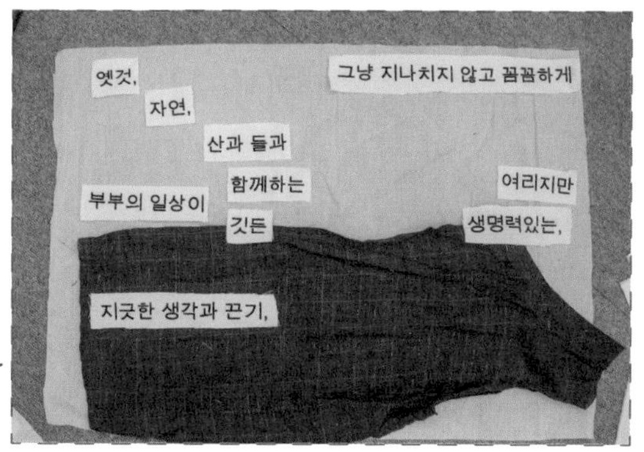

글귀를 활용한 수선

너무 많지 않냐고 물었다.

남편은 말했다.

"뭐 어때."

그래 뭐 어때. 나는 많으면 많은 대로 다시 문장을 배치했고, 우리의 아로새긴 낙서는 또 다른 종류의 낙서가 되어 책상 앞 액자에 걸렸다.

이것은 질서나 순서로 만들어지지 않았다. 어떠한 미학적 설계를 두고 만들어지지 않았다. 우연과 기분에 의해 조합된 순간의 배열이다. 마치 하루 동안 일어나는 우연과 기분에 의한 연속체처럼.

　　누군가는 단어의 배열에 대하여 이해하지 못할 수 있다. 누군가는 이러한 구성에 대하여 나의 기분과는 무관한 자신만의 해석을 할 수도 있다. 왜? 느낌이기 때문에. 읽는 이의 방식이 그릇된 것이 아니고, 만든 이의 방식 또한 그릇된 것이 아님을 안다. 그럼에도 우리가 읽는 방식에 대하여 자신 없어 하는 이유는 주로 읽는 이의 입장에 놓여 왔기 때문이다. 우리는 좀 더 만드는 이의 입장에 놓일 필요가 있다. 느낌이라는 것을 정답 없는 것으로 받아들여 볼 필요가 있다. 그럼으로써 정답 없는 비정형을 그 자체로 경험해 볼 수 있다. 읽는 이와 만드는 이의 방식 모두 정답이 없음을 알게 되는 순간, 그제야 비정형은 학습된 보편으로부터 자유로워진다.

해진 것

학습된 보편은 칭찬을 요구한다. 칭찬을 받지 못하더라도 우리는 그 질서 안에 있음에 안도한다. 질서 바깥의 경험이 적기 때문에. 수선은 비정형을 경험할 수 있는 좋은 행위다. 나만의 개인성을 기반으로 질서 밖을 경험할 수 있다. 수선은 입는 사람, 사용하는 사람을 중심으로 한다. 내 옷으로 내가 소유할 것을 만드는 일은 나의 개인성을 기반으로 할 수밖에 없으며, 기장을 줄이는 것부터 옷을 잘라 만드는 것까지 정해진 규격이 없다. 손님에게 의뢰를 받아 정해진 기장을 줄이는 것도 아니며 판매가 잘 될 법한 옷을 만드는 것도 아니다. 무엇이든 내 마음대로, 그때그때 손 가는 대로. 이는 물론 나를 위하여. 타인으로부터 칭찬받을 필요가 없는 것. 학습되지 않은 보편, 즉 비정형의 가치는 여기에 있다.

그럼에도 여전히 누군가를 의식하고 있다면, 남에게 보여 줄 필요가 없는 것부터 시도해 보면 좋다. 베개 커버나 행주, 이불의 귀퉁이나 에코백의 귀퉁이 같은 곳. 버리는 녀석이면 더 좋다.

내게도 다 해져 버린 수면 요가 있었다. 첫 살림 때부터 내리 몇 년을 써 오던 것이라 발 닿는 부분이 해져 솜이 다 드러나 있었다. 아기 이불처럼 부드러워질 대로 길이 잘 들은 녀석이라 버리기가 아까웠지만 약간의 힘을 주면 우드득 뜯어질 정도로 약해져 있었다. 버리는 김에 연습이나 해 보자는 심산으로 재봉틀 앞으로 가져왔다. 어떻게 박을지 딱히 모양을 정해 둔 건 아니었고 해진 부분을 따라서 박되 배색을 어떻게 할지 색깔만 먼저 골랐다. 넓은 면적이 터졌으므로 스티치의 땀수를 가장 크게 하였고, 더욱 촘촘히 박히도록 땀의 간격을 좁혔다. 터져 버린 곳을 따라 점에 점을 이으며 나아갔다. 재봉틀 페달은 되도록 멈추지 않았다. 한 색깔을 좀 오래 썼다 싶으면 다른 색의 실로 바꿔 다시 나아갔다. 아무런 모양도 아니었다.

언제나 마음에 들게 만들 순 없다. 이 자국에선 이렇게 만들어지는구나, 그저 알아 갈 따름이다.

아무런 기대 없이 되는대로 밟아 대다가 조금 허전하다 싶으면 비죽비죽 여기저기를 뻗대었고 나아가다 옆 구멍이 보이면 그것과 새로이 이은 그것이, 그런대로 마음에 들었

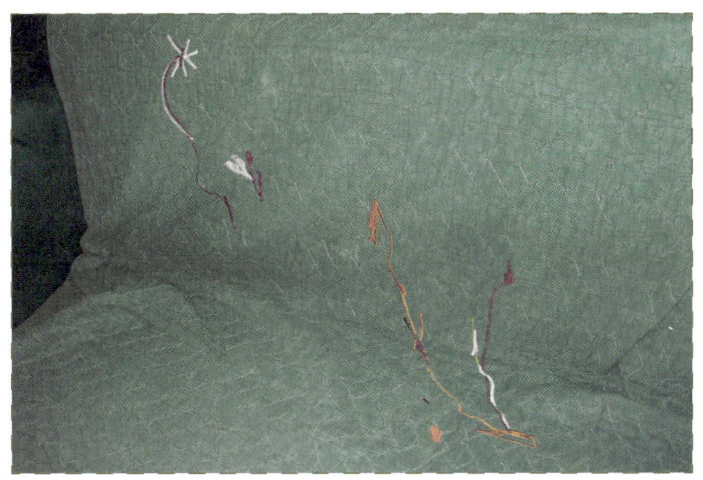

찢어진 선을 따라서만 박아 내려간 수면 요

던 것 같다. 우연히 나타난 마음에 듦이 반가웠던 것 같다. 무턱대고 해도 괜찮구나. 그럼 조금 더 잘라서 다른 걸 만들어 봐야지. 라고 생각할 만한 것이었다. 해져 가던 침요는 약간의 색을 갖추어 소파에 깔렸다. 사람을 누이던 수면 요는 사람을 곧추 앉혀 귤을 까 먹고 유튜브를 켜고 밥을 먹게 하다가 그 묵직한 엉덩이에 수백 번을 깔린 뒤, 비로소 수명을 다했다.

  조금 더 잘라 둔 수면 요는 또 다른 무엇이 되었다. 이번엔 무턱대고 밟아 댄 스티치가 아닌, 무턱대고 이어 붙인 자투리 천과 만났다. 커튼을 구매하는 대신 햇빛 가리개로 사용하던 천의 여분, 무언가를 꼼지락대다가 남긴 천, 헌 옷을 잘라 둔 조각이었다. 색이 어우러질 것들을 수면 요 한 귀퉁이에 얹었다.

이번엔 어떤 모양으로 이어 붙여야 할까 고민할 필요가 없었다. 잘라진 조각들이 이미 제각기 뭉텅뭉텅한 형태를 띠고 있었고, 나는 그저 재봉하기 쉽게끔 일직선으로 접어 다듬을 따름이었다. 천을 이어 붙이다가 왠지 마음에 들지 않는 곳은 박음질을 뜯어냈는데, 약해진 요의 겉면이 덩달아 찢어졌지만 그래도 괜찮았다. 실과 천으로 덧칠하면 그만이니까.

요의 귀퉁이는 햇빛 가리개와 옷, 천 가방의 여분과 만나 찢어지고 합쳐지며 베개가 되었다. 나는 만들어진 커버 안에, 나머지 요를 평소에 베고 자는 높이로 접어 넣었다. 목이 결리는 날이면 안에 내용물을 빼내어 커버를 둘둘 말아 목침과 같이 목의 오목한 곳에 대어 자고, 누워서 스트레칭을 할 때면 커버를 납작하게 펴 그곳에 코를 박고 엎드린다. 나의, 나에 의해, 나를 위한 베개.

해졌던 요는 남김없이 쓰였다.

실밥을 뜯어내다 찢어진 부분은 지그재그 스티치를 겹겹

해진 요로 만든 베개

이 박아 주었다. 노란색으로 마구 덧씌워진 부분이 그것이다. 어떤 스티치를 선택하는지는 개인의 자유다. 물결 모양을 해도 상관없고, 다이아몬드 모양을 해도 상관없다.

해진 요로 만드는 베개

주로 가방을 만들어 왔던 나는 즉흥적인 작업이라고 해 봐야 어느 정도 밑그림을 그려 놓고 시작했었다. 그러나 수면 요를 만드는 작업은 달랐다. 정말 아무것도 정해지지 않은 상태로 무작정 이어 붙였고, 무작정 페달을 밟았다. 어? 이게 되네? 싶었던 이때의 경험으로 나는 좀 더 과감해질 수 있었다. 마구 박아도 괜찮고, 마구 이어도 괜찮았으므로.

나의 수선 연습은 우연과 우연의 만남으로부터 시작되었다. 치수를 재어 정교히 해야 하는 수선의 영역도 있지만 그 외의 많은 부분은 그날그날의 기분과 주어진 조각들의 모양, 직물의 터진 형태에 따라 이루어졌다.

무언가를 만들 수 있다는 긍정은 우연한 자연스러움을 받아들이는 것으로부터 시작된다. '이것도 창작일까요?'라는 질문의 무의미함을 알게 되고 '그냥 만들었어요.'라는 가벼움을 찰나의 즐거움으로 받아들일 수 있게 된다. 정해진 결과는 없다. 잊힌 낙서를 다시 하는 것일 뿐.

얼룩과 구멍

무작위의 낙서가 아직 어색할 땐 이미 주어진 형태를 생각하면 된다. 가령 얼룩과 구멍 같은 것들.

우리는 자유를 원하면서도 막상 막연한 자유가 주어지면 무엇을 해야 할지 모르는데, 제한된 상황 속에서 자유가 주어지면 그 상황을 충분히 활용하려 노력한다. 옷을 어떻게 예쁘게 수선할까 싶은 고민은 막연해도, 올이 나간 부분을 수선할 방법이 없을까에 대한 고민은 구체적인 것과 같다. 얼룩과 구멍은 소심하게 해 볼 수 있는, 은근한 비정형의 실천이다. 수선에 있어서 얼룩과 구멍의 활용은, 미학적 요소가 아닌, 그저 살포시 덮어 주는 행위 그뿐이기 때문이다. 그냥 그 작은 점을 덮기만 하면 되는 제한된 수선.

나는 이 수선을 참 좋아해서 이따금 얼룩과 구멍이 생기길 기다린다. 이 비정형적인 작은 점은 나만의 이스터에그를 숨기는 행위로 발전했는데 가령 얼룩의 모양을 따라 실로 기운 비죽비죽한 스티치의 자취, 보호색을 띤 개구리

처럼 옷감의 배경색에 맞춘 감쪽같은 실의 요철, 꼭 맞는
단추가 없어 혼연히 다른 단추를 달아 버리거나 보색의 실
을 덧대어 처음부터 눈에 띄는 요소로 존재했던 양 시치미
를 뚝 떼는 일. 주어진 형태에 슬쩍 손을 담갔다 빼는 은근
한 수선, 은근한 표식이다.

구멍이 났던 셔츠 소매

최근에는 은근이라기보단 대쪽 같은 얼룩을 지웠다. 얼마
전 마련한 연청색의 바지 끝단이 어딘가에 끌려 흙탕물에
물들어 있었다. 흙탕물은 어지간하면 잘 빠지지 않는다. 나
는 이 얼룩을 감추기 위해 단을 잘라 볼까 싶기도 했지만

    2장 우연한 자연스러움으로부터

기장이 짧아지는 건 원치 않았다. 단을 안으로 접어 볼까도 했지만 안쪽과 바깥면 모두 물들어 있었다. 한동안 얼룩을 입고 다니던 나는 어느 날 위에 빨간색 티셔츠를 입었는데, 연청색과 퍽 조화가 좋았다. 바지 끝단이라고 빨간 게 있어서 나쁠 게 없지 않을까. 나는 많은 면적이지만 한 줄 한 줄 스티치를 박기 시작했다.

처음에는 바짓단을 따라 일자로 주욱 박아 나갔는데, 너무 또 일렬의 스티치만 늘어서니 괜스레 더 어색하게 느껴졌다. 대각선으로도 박아 보고 밑실을 풀색으로 갈아 끼워 은근한 풀색이 교차되도록 해 보기도 했다. 한 줄 크게 박아 버리니 그다음 줄은 더 커졌고 어쩌다 보니 유부초밥 한 개 정도의 크기로 연청색의 끝단에 폭 박혀 버렸다. 흡사 어린아이가 벽지에 크레파스로 마구 색칠한 모양이었다. 망했다고 생각하며 실내화를 신은 순간. 이게 또 신발을 신고 뒤에서 보니 그럴싸한 것이었다. 그것은 바지의 끄트머리에 무심히 틀어박혀 이곳에 나의 두 발이 있음을 소리쳤다. 걸을 때면 뒤꿈치와 함께 빨간 낙서가 통통 위로 차오르며 펄럭였다.

흙탕물에 물들지 않았더라면 발견할 수 있었을까. 수선하지 않았더라면 이런 탐탁스러움을 알 수 있었을까. 수선은

흙탕물을 지울 겸 끝단을 조금만 올릴 겸 박아 버린 무턱댄 낙서

우연을 디뎌 부족한 것을 가장 탐스러운 것으로 바꿔 놓기도 한다.

우리는 매일 우연과 마주한다. 어제보다 늦은 버스, 갑자기 먹고 싶어진 덮밥, 밀려오는 업무, 오늘따라 맛있는 커피. 내가 선택하지 않은 이러한 것들은 받아들일 수밖에 없는 불가역이다. 우리는 그렇다 하여 어제와 다른 맛의 커피를 버리지 않고, 갑자기 밀려오는 업무를 거부하지 않으며, 어제보다 늦은 버스를 두 번 다시 안 타거나 하지 않는다. 그 자체로 받아들이고 걸음을 좀 더 재촉하거나 내일의 커피

맛은 어떨까 생각하고 머릿속으로 업무 분장을 새로이 한다. 이는 얼룩과 구멍이다.

　　어쩔 땐 길게, 어쩔 땐 동그랗게, 때로는 커피 얼룩이거나 흙탕물 자국으로 물든다. 수선은 이런 불가역적인 것을 길게 메우고, 동그랗게 덮으며 거무튀튀한 얼룩을 더 검게 하거나 새로운 무언가를 더해 주는 그런 것이다. 우연히 일어난 사고나 에피소드에 동일함은 없는, 그때그때 주어진 것을 활용해 나아가는 일상의 에피소드다. 때로는 빠른 걸음으로, 때로는 실과 바늘로 무작위는 누구나의 매일에 흘러 다닌다. 일상은 우연에 맞물려 흐른다. 우연한 것은 자연스럽다. 이를 매일 경험하고 자연스레 받아들이는 능력을 우리는 수십 년에 걸쳐 몸에 익혀 왔고 앞으로도 그러할 것이다. 더 즐겁고 현명한 방법으로. 수선은 직물 위에서 벌어지는 우연이며 현명한 수습이다.

나는 수선을 하며 비로소 무작위한 것을 받아들였다. 삐끗한 바늘 몇 땀에 분개하던 것을 더욱 탐스러운 것으로 소생시킬 수 있게 되었고, 깜빡하고 다듬지 않은 실밥들에 대해 그 거친 털털함으로 존재를 둘러 감을 수 있게 되었으며, 지워지지 않는 커피 자국을 레이스로 감추다가 뜻밖의 어울리는 옷이 나타나 버리는 경험을 했다. 우연은 새로운 것이 시작되는 신호다. 옷에 일어나는 에피소드들이 마냥 달 가울 순 없지만, 내가 쥔 것이 마음에 들지 않는다고 하여 버려 버리는 것만이 취할 수 있는 최고의 대안은 아닐 테다. 우연을 수습하는 연습은 직물 위에서 시작될 수 있다.

수선을 단순히 치수에 맞춰 옷을 줄이는 것에 제한해 두면 이 이야기는 시작되지 않는다. 수선을 단순히 패스트패션에 대한 반항으로만 제한해 두어도 이 이야기는 시작되지 않는다. 수선은 옷감을 고치거나 꾸미는 행위를 통해 보편과 정형으로부터 자유로워질 수 있는 행위다. 이로 인해 시장이 정해 준 이상형이 아닌 나의 이상형을 조금씩 알아 가고, 점점 나만의 물건과 정체성을 찾아가며 이윽고 패스트패션으로부터 독립할 수 있게 되는 것이다.

수선은 실이라는 것을 통해 꾸미고, 고치고, 탐구하는 것임을 나는 새로이 알았다.

2장 우연한 자연스러움으로부터

수선 가이드: 처음 도전해 볼 만한 수선 

사소하지만 존재감 있는 시도로 작고 확실하게 시작하면 재미를
붙일 수 있다.

단추 구멍의 커피 얼룩을 가리기 위해 프릴을 덧대었다.
자투리 레이스를 검색하면 색깔별/스타일별로 자투리를 모아 판
매하는 곳들이 있는데, 수선을 막 시작한 경우라면 이러한 레이스
가 생각보다 요긴하게 쓰이니 추천한다.

올이 풀린 밑단에 레이스를 덧대어 구멍을 메워 주었다.
망사와 같은 소재의 레이스는 구멍이 날 수 있어 윗단을 돌돌 말
아 겹쳐 바느질하면 풀리지 않는다.

2장 우연한 자연스러움으로부터

귀퉁이 단추가 떨어진 김에 아이보리색 단추로 포인트를 주었다. 나는 떨어진 단추를 다 모아 두는 편인데, 이렇게 모인 단추는 모자, 에코백, 스니커즈, 앞치마 등 캐주얼한 의류 등의 장식으로 사용한다.

3장

친애의 아름다움으로부터

표식과 표현

한 번은 남의 이름이 적힌 옷을 구매한 적이 있다. 빈티지 숍에서 구매한 꽤 좋은 소재의 코트였는데, 안감에 일본 이름이 적혀 있었다. 이름을 새긴 옷을 본 적이 없는 나는 당황했으나 포털에 검색해 보니 일본은 모피나 고급 코트에 자신의 이름을 새겨 넣는 관행이 있었다. 백화점에서 고급 와이셔츠를 사면 이름을 새겨 주는 것처럼 코트 네이밍 서비스가 있던 것이다.

'카토 加藤'. 일본의 흔한 성이었다. 학창시절 명찰에 새겨 주던 자수보다 더 크고 완연한 해서체로 상앗빛 안감 위에 개나리색 실로 수놓아져 있었다. 이름은 손 자수가 아니라 당연히 기계로 놓았겠으나 그 이름 보자마자 주인이 고른 색임을 단박에 알 수 있었다. 회갈색 코트에 상아색 안감, 그리고 달걀노른자 같은 이름. 이 색과 결의 합을 조화로이 느끼고 골랐을 '카토 씨'. 이름을 새기고 고이 입다 누군가에게 새로운 옷이 될 수 있을 만한 옷 그대로 건네어 돌고 돌아 내게로 왔음이 선연한 '카토 씨'. 그는 옷과 자수의 총체로서 전달되었다. 이 사사로운 것이 무엇이라고 얼굴 모르는 이의 몸짓과 그 씀씀이를 상상하는 걸까.

실의 자국은 필적과 같아서 급하면 급한 대로, 느긋하면 느긋한 대로 그 자국을 남긴다. 그 색의 배합은 옷차림과 같아 그날그날의 마음과 용도에 맞춰 배합을 둔다. 어떤 우연과 무작위가 발생할지 모르는 우리의 일상을 반영하여 실과 색은 자유로이 골라지고 엮이는 것이다. 그리하여 사사로운 것은 자수가 주는 정서이기 때문일 것이요, 상상하는 것 또한 자수 속에 담긴 정서이기 때문일 것이다. 그 찰싹 달라붙은 정서로, 나는 친애하게 된다.

'카토'라고 적힌 자수

베이지톤의 안감에 잘 어우러진 '카토'라고 적힌 자수. 자세히 보면 이 또한 촘촘한 지그재그 패턴 스티치다. 이처럼 지그재그 패턴은 쓰임이 광범위하게 사용된다.

하도 이름을 자주 보아서 그럴지도 모르겠다. 옷을 입을 때 보이는 안감의 카토 씨, 옷을 벗을 때 보이는 카토 씨, 카페에 들어가서 옷을 의자에 걸을 때 드러나는 카토 씨. 나는 이름을 볼 때마다 '코끼리는 생각하지 마!'(코끼리를 생각하지 말라고 하면 코끼리를 더 생각하게 되는 것)처럼 카토를 생각하게 되었고 거기에 찰싹 달라붙은 그의 몸짓과 씀씀이는 또다시 '카토는 생각하지 마!'를 부르짖게 했다. 어쩔 땐 그 옷이 내 옷이 아닌 카토의 옷을 빌려 입은 것도 같았다.

어찌 되었든 내 옷이든 카토의 옷이든 잘 뽑아낸 노른자의 해서체에 걸맞은 태도를 나 또한 보여 주게 되었는데 신기하게도 감각은 연쇄되는 것이었다. 보다 보니 익숙해지고, 그것이 체화되어 다시 눈앞에 나타나 코트에 감도는 기운이 되었다. 코트는 퍽 아름다웠다. 자수의 정서가 나에게 달라붙은 그 순간부터 코트는 아름다워질 준비를 하고 있던 듯 친애는 전염성이 강했다.

나는 수선을 거친 옷을 볼 적마다 내가 어디를 고치고 무엇을 위해 실과 가위를 갖다 대었는지를 늘 머리 한편에 기억한다. 이 옷은 이렇게 입어야 예쁘고, 이 옷은 버리기

    3장 친애의 아름다움으로부터

아까우니 이렇게 수정하면 계속 잘 쓸 수 있을 것 같고, 이 옷은 이런 문구를 새기면 좋을 것 같은 원단이라는 둥 그것은 눈에 밟히고 익숙해지며 어떤 옷을 맞닥뜨릴 때든 또 다른 수선으로 이어 가며 이 옷이 나에게 어떤 의미를 지니는지 그 감각을 체화해 갔다. 내 옷의 대부분은 이런 옷들이고, 천으로 된 내 물건 또한 대부분 이런 물건이다. 이것은 '좋아한다'를 넘어 조화롭고 꽤 만족스러운 것으로 자리 잡았다. 나의 친애롭고 아름다운 옷들.

최순우 선생은 실용적인 공예품의 아름다움으로 '친애의 감정'이 있다고 말하였다. '친애는 아름다움이다.'라는 의미에 눈이 번쩍 뜨였다. 빈티지 제품에 느끼는 좋은 감정과 나의 오랜 물건에 대한 애착을 단순히 '좋아한다'라는 것 이상으로 표현할 무언가를 찾지 못하고 있었기 때문이다. 그런데 말로는 알겠으나 곰곰이 생각해 보니 먹고사는 일에 지분을 얻은 애착이 어떻게 아름다움으로 성립되는지 갸우뚱하기 시작했다. 내가 매일 쓰는 숟가락을 아름답다고 할 수 있는가? 무참히 떨어뜨려 이리저리 긁히고 패인 내 아이폰을 아름답다고 할 수 있는가? 세월과 손때를 문학적 표현으로 말하자면 굳이 아름답다고 할 수 있겠으나 미적인 아름다움으로는 수긍할 수 없는 공식이었다. 그

렇다면 왜 문학적으로는 아름답다 할 수 있으며 미적으로
는 아름답다 할 수 없는 것일까? 내가 '아름다움'이라는 단
어를 너무 제한하고 있는 것은 아닐까? 아름다움의 정의는
무엇일까. 아름다움의 범위는 어디까지인가. 나는 궁금해
졌다.

　검색창에 '아름답다'를 검색해 본 나는 또다시 눈을
번쩍 뜰 수밖에 없었다.

아름답다 [아름답따]
보이는 대상이나 음향, 목소리 따위가 균형과 조화를 이루
어 눈과 귀에 즐거움과 만족을 줄 만하다.
하는 일이나 마음씨 따위가 훌륭하고 갸륵한 데가 있다.

조화를 이루다, 만족을 주다, 훌륭하다, 갸륵하다. 이것이
아름다움이었다.

　아름다움은 총체적인 것이었다. 삶의 표면 아래에 존
재하는 것, 생체적인 것, 관계와 순리, 정서와 시간 따위와
이것들의 훌륭함, 그 조화와 갸륵함에서 나오는 부드러운
정서였다. 나는 삶의 표면에 너무 몰두했던 나머지 아름다
움을 가시적인 것으로만 보고 있을 따름이었다. 가시적이
고 표면적인 그 아래에 내가 놓친 아름다움은 무엇이었나,

이제까지 보지 못하고 놓친 것들은 얼마나 많았던가. 친애는 진정 아름다움이었다. 나의 손길과 나의 시간을 공유하며 오랜 순간 닿아 이어져 온 데는 사물과 일상의 조화가 이루어졌기 때문이며, 이것은 생활을 영위하는 데 퍽 훌륭한 역할을 하는 '친애'의 단계에 이르렀기 때문이다. 내가 매일 골라 쓰는 놋색 수저는 아름다운 것이었다. 여기저기 구르고 흠집 나며 고장이 나도 또다시 같은 기종의 중고품을 선택한 나의 아이폰은 아름다운 것이었다. 친애는 누적된 조화로움의 결과이며 익숙함이 주는 갸륵함이자 눈에 거슬리지 않는 만족이었다.

나는 아름다움이라는 것의 의미를 다시금 찾아보며 내 일상을 이루고 있는 것들에 친애의 감정을 한 겹 두터이 하여 보기 시작했다. 햇빛을 가리려 아무렇게나 잘라 양면테이프를 붙인 분홍색 천에 한 겹, 보냉력이 너무 좋아 긁히고 까져도 몇 년을 내리 사용하고 있는 텀블러에 한 겹, 10년 전 자취할 적부터 사용해 오던 전자레인지에 한 겹, 감사한 이에게서 물려받아 오염되지 않도록 열심히 닦아 사용 중인 노란색 냉장고에 한 겹, 단골 커피집의 꼬마 아가씨가 사무실 이사를 축하한다고 적어 준 꾸깃한 빵 봉투에 한 겹, 이 모두 아름다움에 쓸어 담으며 친애의 마음을 담아 먼지를 닦거나 알콜 소독을 하고 또는 이름을 썼다.

이름.

이름을 쓰다 보니 생각이 난다. 조금 더 어릴 적의(그래 보았자 6~7년 전이지만) 나는 친애를 알고 있었을지도 모른다. 당시 나는 모든 물건에 이름을 새기곤 했는데, 책의 앞면과 윗면엔 이름을 썼고 요가 매트의 귀퉁이엔 이니셜을 썼으며 수첩이나 주민등록증엔 휴대폰 번호를 적었다. 그래야 진정한 내 것이 되는 기분을 느꼈다. 물건에 내 이름을 새길 때의 느낌, 휴대폰 케이스에 가까운 이의 사진을 넣는 순간의 느낌, 한 번 사면 평생 쓸 수 있는 캐리어에 내 것임을 알아볼 수 있는 스티커를 붙이는 기분과 같은 것들. 이름이라는 표식을 새기는 일은 물건이 생기면 가장 기다려지는 순간이었다. 잃어버리면 안 될 것 같은, 새로 사도 그게 그것이 아닌 것처럼 느껴질 것만 같은 감정이었다.

누군가는 소유욕이 많아 이름을 쓰는 거냐며 비꼬듯 물어보았다. 소유욕에서 시작된 행위일지도 모른다 스스로도 생각하면서도 돌이켜보면 그로써 내 물건의 영역이 명확해지고, 잃어버리는 것의 속상함과 잃어버리지 말아야지 스스로에 부치는 당부, 내 이름이 붙은 것이 존재함으로써 아직 새 물건은 필요치 않다는 스스로에 대한 절제가 분명 있었다. 읽다가 생각난 것들을 마구 휘갈겨 쓴 책은 잃어버리면 나의 생각을 잃어버리는 듯했고, 자주 짚는 곳마다 땀자국이 든 요가 매트는 다른 매트를 쓰면 쉽게 자세가 무너지기도 하며, 산 정상에서 이 보온병의 뚜껑을 딸 때면 산속에서의 오랜 기억이 함께하는 듯한 연결을 느낄 수 있었다. 나만의 표식은, 표식이라는 가시적인 것으로 출발해 연결이라는 비가시적인 것에 도달하는 매우 자기 암시적인 것이었다. 자주 보면 정이 들고, 자주 반복하는 단어가 내가 된다는 이야기처럼.

나의 표식 남기기는 네 것 내 것이 불분명한 결혼을 하고부터 줄어들었는데, 이것이 수선을 배우고부터 다시 예전의 이름 쓰기보다 더 심한, 그리고 더 변혁적인 실로 박아 넣기가 되었다. 요가 매트 스트랩에 내 이름을 딴 그림을 스티치로 박아 넣거나 헌 넥타이로 만든 열쇠고리에 늘 눈에 담고 싶은 단어를 새겨 넣거나, 마음에 드는 옷을 완전한 나만의 옷이 되도록 허리 라인을 드러나게 수선해 주는 그런 일들. 그리고 이것은 소유물이 되었다는 표식의 만족감을 넘어 표현의 자유로 나를 이끌었다.

　　표식과 표현의 차이는, 나타내는 양상이 일정한지 일정하지 않은지에 있다. 이름을 쓰는 것은 표식이지만 이름을 각양각색의 실로 수놓거나 각기 다른 스치티로 따 넣는 것은 표현이라 할 수 있다. 내 것이라는 직인을 찍는다는 점에서는 동일하나, 표현에는 표식을 넘어선 정서가 있다. 어떠한 표현이든, 수학적으로 날카로이 떨어지는 아름다움이 아닌, 정서적인 두루뭉술한 아름다움이 있다. 표현에는 표식을 넘어선 자유로움이 있다. 이름 세 글자에 제한된 획 수와 정해진 획의 방향을 넘어 면과 선과 색과 크기 그 어느 것에도 제한이 없는 자유로움이 있다. 표현은 친애의 정서에 자유를 더했고 수선은 옷감이라는 도화지 위에서 그것을 한다.

봄에 가까워진다는 것

소장 욕구에 휩싸이게 하는 예쁜 옷과, 멋드러지다고 할
순 없지만 손이 많이 가는 옷. 내 옷장엔 이 두 가지 옷들
이 있'었'다. 가장 예쁜 옷을 고르라면 중고로 산 브랜드의
스커트와 일본 디자이너의 플리츠 상의였는데, 이 옷을 입
은 나를 상상하면 흡족해지기도 하고 포털에 검색해도 쉽
사리 찾아볼 수 없는 이 귀한 옷을 소유하고 있는 스스로
에 자부심마저 들곤 했다. 그럼에도 이 옷을 입는 날은 손
에 꼽을 정도로 적었다. 배치하여 입기엔 무더운 계절이어
야만 했으며, 쌀쌀한 시기에도 겹쳐 입을 수 있었지만 그렇
게 입었을 때의 실루엣은 왠지 썩 만족스럽지 않았기 때문
이다. 그래서 이 조건이 맞는 날이 아니면 나는 자주 입는
옷만 입었다. 어느 하나 버릴 것 없는 옷들이었지만 하나의
옷장은 두 쪽으로 나뉘어 있었다.

내가 지니고 있던 예쁜 옷은 꽤 화려했다. 하나는 초록색과

파란색으로 물든 플리츠 상의, 다른 하나는 반짝이는 새틴에 검은색 레이스로 뒤덮인 긴 치마. 나는 이 옷들을 참 좋아했지만 이따금 만족스럽지 못할 때가 있었는데 계절에 따라 다르게 받쳐 입었을 때의 모습이 몸의 곡선과 맞지 않는 순간이었다. 안 그래도 자기주장이 강한 옷이 곡선에 맞지 않으니 몸에서 동동 떴다. 평소 입지 않는 취향을 빌려 입은 것처럼 옷의 정체성에 적나라하게 압도당했다. 압도된 나는 옷을 대할 때마다 옷에 걸맞은 기분과 옷에 걸맞은 짝꿍 옷만을 찾아 착용 조건이 맞는 순간에만 입었다. 여름이 지나면 나는 그 직물들의 눈치를 보게 되는 것이었다. 이 옷의 정체성은, 내가 아닌 옷에 있었다.

반면 자주 입는 옷. 그 옷들의 눈치를 본 적은 없다. 똑같은 옷을 너무 자주 입나? 라는 생각이 들거나 말거나, 이 옷이 너무 과한가 혹은 별로인가? 라는 고민을 하거나 말거나, 창가에 비친 모습을 시도 때도 없이 들여다보며 신경 쓰고 움츠러들 필요가 없었다. 예쁘고 화려한 옷도 이렇게 입고 싶은데 어째서 잘 맞는 때가 있고 안 맞는 때가 있는 것일까? 잘 맞는다는 것은 어떤 정의일까? 계절에 견제받지 않고 내킬 때 언제든 입고 싶은데.

한번은 구하기 힘든 원피스를 운 좋게 구매하여 기대로 한

껏 부풀어 입고 나갔다가 만나는 사람마다 살이 쪘다는 말을 연거푸 들은 적이 있다. 몇 차례 그런 소리를 듣고 나니 입고 싶어도 선뜻 손이 가지 않았다. 살을 빼야 하나? 다시 되팔아 버릴까? 머리 스타일을 좀 다르게 해야 할까? 아니 옷 하나 때문에 이럴 일인지 나는 다시 옷을 입고 요리조리 옷을 만졌다. 소매를 잡아 조여도 보고, 허리 부분을 잡아도 보고, 기장을 들어 올려도 보았다. 그러다 밭하게 올라온 둥근 목선을 매만진 순간, 이 원피스의 목선이 내 얼굴형과 어울리지 않음을 발견했다. 재봉틀을 꺼내어 애매하게 파였던 목선을 과감하게 팠다. 동그란 내 얼굴을 더욱 동그랗게 했던 두루뭉술함이 물러간 듯 보였다. 체중이 줄었는지 어떤지는 알 수 없으나 이후로 살이 쪘다는 이야기는 들은 바가 없다. 나를 압도하던 원피스의 목선은 내 목선의 맵시가 되었다.

이후로 나는 입자니 애매하고 떠나보내긴 차마 아깝던 옷들을 하나하나 고쳐 나가 내 종아리 길이에 어울리도록 9부에서 8부로 레깅스를 자르고, 어중간한 일자 바지의 통을 좁혀 두 쪽으로 나뉘어 있던 옷장의 지분을 점점 손이 가는 한쪽으로 몰아 놓게 되었다. 적나라한 기세로 나를 압도해 버린 옷들, 자꾸 나를 신경 쓰이게 하여 미처 몸에 감기지 못하던 옷들은 점점 명확한 내 몸의 곡선을 이루어, 그렇게 한 해 두 해가 흘러 이윽고 옷장은 한통속이 되었다.

지금 나는 트임의 수선을 거친 그 화려하고 예쁜 플리츠 상의를 입고 이야기를 쓴다. 이 옷의 문제도 결국 목선이었음을 알고 그 트임을 매만져 지금에 와서 사계절을 입는다. 예쁜 옷이 옷 겉보기에 그치지 않고 몸에 감기는 멋으로 남기 위해선 내가 옷에 맞게 몸을 바꾸거나 옷을 내게 맞춰야 하는 것이었다. 아무래도 내가 옷에 맞춰 몸을 바꾸다가는 착용할 계절을 놓칠 수 있으니 옷을 나에게 맞추는 것이 더 직접적이고 명확한 일이다.

옷을 내게 맞추는 것이란 무엇일까. 이는 나를 너무 신경 쓰게 하지 않는 옷, 그럼으로써 자주 손이 가는 옷이다. 자주 손이 가는 옷은 무엇일까, 이는 옷의 정체성이 나를 누르지 않는, 내가 옷의 정체성을 이용하는 그런 옷이다. 옷의 정체성은 어떻게 이용할 수 있을까, 내 체형에 맞게 실로 기워 꾸미고 고치고 탐구하는 것. 바로 수선이다.

옷장이 두 쪽 났던 시절, 자주 입지 못하는 옷을 보며 이들을 남의 손에 넘겨야 할지, 헌 옷 수거함에 버려야 할지 고민하던 일은 지금 와선 일어나지 않는다. 수선을 하며 버리는 옷이 현저히 줄었다. 아니 거의 없어졌다고 할 수 있다. 수선을 하며 어떤 옷을 입어도 나에게 어울리는 옷이라는 확신을 갖고 입기에 버릴 수 없다. 결국 우리는 몸과 가까운 옷을 좋아한다. 몸과 가까워짐으로 우리는 더 친애하기 때문이다. 내 옷이 아닌 것도 내 몸과 가까워지면 나를 위한 옷이 된다. 몸을 더 잘 아는 일. 이는 어디를 부각시키고 어디를 드러내지 않을지 결정하는 일이다.

네 몸을 사랑하라고 하여 내가 마음에 들지 않는 부분을 억지로 받아들이는 것은 불가능하다. 내 몸의 장점을 발견하여 여기에 익숙해지는 것이 내 몸이 혐오로 어지럽혀지지 않는 둥그런 방법이다. 이것은 내 체형에 맞게 실로 기워 꾸미고 고치는 탐구하는 것에서 시작한다. 여기서 몸은 드러나고, 나는 받아들이며, 결국 친애한다.

내 곁에서 떠나지 않는 것

뜬금없는 이야기지만 나는 삶과 죽음에 관심이 많았다. 산다는 것의 피곤함과 죽음이 다가오는 그 순간까지 살아야 하는 막연함 사이에서 적극적인 삶과 죽음 어느 쪽으로도 가지 못한 채 뱅뱅 돌고 있는 와중, 죽음은 삶의 극단이 아닌 언제나 삶의 또 다른 대안처럼 느껴지는 호기심의 대상이었다. 어느 날 나는 무연고 장례에 참여할 일이 있었는데 그곳에 다녀온 후 죽음에 대한 질문의 결이 조금씩 달라지기 시작했다. 관에 잠들어 계신 분은 사실 무연고자가 아니었다. 나는 이때 장례를 치르는 것에도 조건이 필요하다는 것을 처음 알게 되었는데, 그분들이 무연고자가 된 이유는 촌수와 재정이라는 조건을 충족시키는 친지가 없었기 때문이다. 그들의 삶에 고독과 고립이 어찌 없었냐 할 수 있겠냐마는 그들은 나름 삶의 끄나풀로 그들만의 희로애락을 찾아 살아가던 사람들이었다. 아무도 없는 텅 빈 빈소에서 돌아가신 분의 이름을 마주하며 화장이 진행되는 내내가만히 있었다. 화장실이 가고 싶어도 참았다. 목이 말라도 조금 더 기다리자, 라는 생각으로 참았다. 대기실이 비어 버리면 그분들의 생전 인연들이 정말 텅 비어 버리는 것만 같아서 그렇게 할 수가 없었다. 오겠다고 했던 복지관 사람들도 참석하지 않았으므로 나는 그의 삶이 텅 빈 것으로 치부되도록 그냥 둘 수 없었다. 그의 생전 이야기는 어떠했을까 상상하려 노력했다.

그때 죽음에 대한 나의 호기심은 크게 달라졌다. 나는 죽음을 삶보다 더 크게 생각해 왔다. 삶의 끝에 죽음이 있을 뿐인 것인데, 거대한 죽음이라는 우주 속에 삶이 점처럼 허무하게 존재한다고 생각해 죽음 앞에 삶은 작은 점 이상 이하도, 아무것도 아니라는 생각을 했다. 그런 주제에 관 속 그의 삶은 점 같은 것이 되도록 둘 수 없다고 생각해 자리를 지키며 삶을 상상했다.

그 뒤로 가끔 내가 무연고로 죽거나 고독사를 하게 될지도 모른다는 상상을 했다. (이는 사회적 지위가 있는 사람에게도 일어나는 일이다. 어떤 정치계 인사와 연예계 인사도 가족들이 모두 먼저 죽거나 해외에 이주해 무연고 장례를 했다.) 그리고 동시에 삶을 상상했다. 내 곁에 사람이 없어지는 그때에도 나는 죽기 전까지 어떻게든 내일을 생각하며 살아가야 할 텐데 나이 들고 외로운, 그때의 나는 무엇을 삶의 낙으로 삼아 살아갈 수 있을까. 그리고 무연고 사망이나 고독사를 하게 되는 그 순간 나를 발견하여 나에 대해 조사하는 사람들은 나의 무엇을 기록하여 내 생전이 텅 빈 것으로 치부되도록 두지 않으려 할 텐가.

죽을 때까지 나를 지탱하여 죽어서도 나를 말해 주는 것. 내게 부모도 남편도 없는 그때, 젊어서 모은 물건들도 젊은 시절의 쓸모를 흘려보낸 그때, 나는 무엇을 낙으로 삼아 죽음이 다가오는 그날까지 살아갈 용기를 얻을 것인가.

또다시 뜬금없는 이야기지만 그때 연예인 솔비 이야기가 들려왔다. 솔비네 집에 도둑이 들었단다. 집에 발자국도 찍혀 있었고 2억 원에 가까운 물건을 훔쳐 갔다는데 집 안에 물건이 2억 원어치나 있구나 싶어 인지 부조화가 온 찰나 솔비가 말하길, 다 없어진 순간 찾아온 무의미함에 도둑맞을 수 없는 것이 무엇일까를 고민하다가 미술관을 다니며 책을 읽었다고 했다. 내면은 도둑맞을 수 없으니까.

도둑맞지 않는 것. 나를 떠나지 않는 것. 남이 가져갈 수 없고 설령 그렇다 해도 무의미하지 않은 것. 죽기 전까지 나의 내면을 지탱하고 죽어서는 나를 말해 줄 수 있는 것. 솔비는 이를 내면이라 하였고, 다른 말로 하자면 내적 유희라 할 수 있겠다. 내적 유희란 물질을 소유하지 않고도 즐기는 마음, 내가 살아가는 세상에 대한 관심과 적극적 탐구다.

내가 사람에도 물건에도 기댈 수 없게 되었을 때 비로소 내가 기댈 수밖에 없는 내적 유희는 무엇이 될까. 나이가 들며 내가 디자인하는 물건들이 더 이상 누구의 손에도 들어가지 않게 된다면, 혹은 소유에 대한 집착이 줄거나 사회의 소비 패턴이 바뀌어 제품을 판매하는 것에 회의를 느끼게 된다면, 나는 대안 소재를 주로 사용하지만 결국 만들어 판매하는 것이 미처 수명이 다하지 않은 물건을 두고 또다시 소비를 부추기는 그런 행동임에 자책이 든다면, 대출금을 열심히 갚아 나가고 있는 내 집이 저출산 고령화로 값어치가 뚝 떨어지며 수요가 없는 그런 집이 된다면. 그럼에도 사는 재미를 잃지 않을 힘은….

나는 물건을 팔거나 사지 않아도 재봉틀로 무언가를 해 나갈 수 있으면 좋겠다는 생각을 했다. 이웃의 찢어진 옷을 기워 주고 돈을 조금 받아 밥 한 끼를 해 먹어도 괜찮겠다 생각했다. 혹은 이따금 직물이 아닌 다른 무언가를 고쳐 주는 동안 금방 해 주겠다며 이웃을 옆에 앉히고 두런두런 늙어 가는 섭섭한 이야기, 이따 지어먹을 밥 이야기를 해도 괜찮지 않을까 생각했다.

그런 생각을 하며 어느샌가부터 나는 내 곁의 물건을 하나하나 고쳐 가기 시작했다. 직물은 물론이고 중고 마켓에서 오래된 재봉틀을 들여와 고치기 시작했다. 처음으로 재봉틀을 몇 대씩이나 뜯어보며 천재들이 만든 기계 유니버스를 손톱만큼씩 알아 갔다(이 작업은 재봉틀과 직물의 상관관계에 대하여 더욱 많은 이해를 심어 주었다. 재봉틀 사용의 완성은 직물의 성질에 맞게 재봉하는 것이기 때문이다). 따각따각 시끄럽던 구두 굽도 혼자서 갈아 끼웠다. 돌에 갈려 버린 구두의 표면도 스스로 색칠했는데, 한때 좋아했던 진한 철쭉색의 운동화를 검은색으로 바꿔 칠하며 필요했던 검정 운동화를 살 필요가 없게 되었다. 그러면서 이 염료는 어떨 때 쓰고, 또 이 염료는 여기엔 듣지 않고 그들만의 염료 유니버스를 또 손톱만큼씩 알아 갔다. 몇 년 뒤의 나는 좀 더 많은 것들을 고치고 세상을 이루는 것들을 조금 더 알아 가고 있겠지. 스스로 더 많은 것들을 할 수 있도록, 외적인 회의감에도 무너지지 않을 수 있도록, 스스로 돕는 자를 도울 수 있도록. 하고 나의 남겨질 삶을 상상했다.

    3장 친애의 아름다움으로부터

내면으로 향하는 것

"나는 목록에서 내 이름을 찾는다. 드디어 내 이름이 보인다. 나는 내가 목록에 있고, 목록 중 일부이며, 새 자리를 차지하는 데 성공한 사람들의 일원일 수 있어서 안도한다. 그러나 거기 기입되기 위해서는 어떠한 왜곡이 필요했을까?"
— 클레르 마랭,《제자리에 있다는 것》(에디투스), 2025, 31p

평범함이란 기대치의 최전선이라는 것, 자존심의 마지노선이라는 것, 그럼으로써 수치심에 닿은 내 발끝을 무참히 잘라내 버릴 수도 있는 것. 평범한 기대는 특정 목록에 드는 것 외에는 시야를 차단해 버리는 꽤나 무거운 것이다. 특정 목록이란 무엇일까. 이것은 작자 미상이다. 롤 모델도 특별히 따질 수 없다. 그런 목록을 우리는 기대한다. 평범함에 대한 기대만큼 우리를 속박하는 것은 없다. 으레 누군가의 딸이 그렇듯 나 또한 부모님의 평범한 기대 속에서 학교를 나와 평범함을 영위할 수 있는 급여를 주는 회사에 다니고, 그들의 리그에 속할 만한 겉모습을 갖추며 소비를 하고 그렇게 살아왔다. 20대 중반엔 빠르게 취업하는 것을 미덕으로 삼았고 이내 맞이한 20대 후반엔 결혼 시장에서 뒤처지지 않는 사람이 되는 것을 목표로 하여 30대를 맞이했다. 자, 이제 무엇을 해야 할까. 정해진 평범함 속에는 승진이라는 것이 있었지만 이제 승진을 목표로 해야 하는 시대는 저물어 가고 있었다. 요즘엔 무엇들을 하지? 새롭게 떠오르는 평범함의 시장에는 부업과 이직이 있었다. 당시 다니고 있던 회사의 조건이 나쁘지 않았던 나는 부업이라는 대안을 선택하였고 이 또한 특정 목록에 속하기 위해 스스로가 스스로에게 하는 기대에 불과했다. 그렇게 어쩌다 보니 부업은 하는 김에 사업자를 냈다가 창업이 되었는데 대개 창업은 정해지지 않은 엇나감이라고들 하지만, 그 엇나감 속에서도 정해진 길은 또 있었다. 창업과 함께 평범함 제2의 리그가 시작되었기 때문이다.

직장 생활은 보고 따라야 할 규율과 사람이 있는 구축된 환경에 내가 들어가는 것이지만 창업은 그렇지 않다. 모든 것을 스스로 정해야 하고 존재하지 않는 것으로부터 형태를 구축해야 한다. 그래서 창업은 양면의 날이 있다. 아주 없는 길을 가거나, 누군가 이루어 놓은 길을 답습하는 것. 아주 없는 길을 가는 것은 없는 길을 가야겠다 마음먹은 사람, 혹은 아주 없는 길을 한 번 가 본 사람에게나 시도할 만하지 백지상태의 나와 같은 사람들은 백이면 백 유튜브에서 창업이란 무엇인가, 자영업을 키우는 방법은 무엇인지에 대한 강의를 쫓아다닌다. 어떠한 판매 방식을 취해야 하는지 대체로 정해진 길이 있다. 어느 정도 예상된 업체의 성장 루트가 있고, 성장하고 있다는 정해진 시그널이 있다. 이에 따라 우리는 마땅히 구별 지어진 소비 경향과 판매 패턴을 공부한다. 으레 해야 하는 평범함에는 패턴이 있고, 우리는 패턴을 답습하려는 염려를 늘 지닌다. 벗어나면 실패할 것 같은 조바심과 혹여나 정해진 대로 가지 않을 경우 이 패턴에서 무엇을 벗어났는지 스스로의 검열에서 좀처럼 벗어나지 못한다. 디자인의 영역에서 그것은 당사자를 향한 공격성을 띠고 나타난다. 팔리는 것을 만들어야 한다는 강박. 나를 누르고 유행을 추구해야 한다는 자괴감. 이로부터 나타나는 나의 취향은 왜 유행을 뛰어넘지 못하는가에 대한 내 감각을 향한 자기 비난. 자신을 의심하게 하며 내 취향에 대한 자기 확신과 선호를 흐트러뜨리고 나를 표현하는 것을 방해하며 이윽고 스스로가 만든 자영업이라는 탈을 쓴 직장 생활에 감금되어 버린다. 판매가 되지 않으면 존재 의미와 가치가 퇴색한다고 여기고 마는, 회사원일 때보다 더 큰 자기 비난을 안고.

그런데 반드시 팔려야 할까?

내가 창업, 아니 그 이전에 부업을 하기로 시작했던 건한 친구와 오랜만에 만나고서부터였다. 어느 날 만난 그는 동창들에게 에코백을 나누어 주며 자신이 하는 에코백 브랜드라고 했다. 그리고 어느 날 카톡에서 그 친구는 한 필라테스 스튜디오의 로고와 서체 디자인을 보여 주며 무엇이 더 느낌이 좋냐고 설문을 했다. 또 어느 날 그 친구는 쿠키를 구워 팔았고, 또 어느 날 아침에는 새벽부터 브런치 가게에서 카레를 만들었다.

너 무슨 일해? 하고 물으니 그냥 '이것저것' 하며 산다고 했다.

그는 직물 관련 일에 종사하다가 회사를 관두고 서른 문턱에 들어 자기가 좋아하는 온갖 일을 하며 살아가고 있었다, '온갖'이라는 표현이 적합할까 싶지만, 이 표현이 아마도 맞을 것 같다. 투잡도 쓰리잡도 아닌 포잡에 가까운 일을 하고 있기 때문이다. 하나만 하며 살지 않던 그 친구는 코로나19 타격도 없었고 자신의 컨디션에 맞춰 일을 조절했다. 하기 싫은 일은 하지 않을 수 있었으며 이따금 열정을 불태우는 분야가 있으면 이를 위해 공부할 시간을 뺄 여유도 있었다. 그러니까, 주어진 목록을 따르는 것도 싸우는 것도 아닌, 아예 탈주해 버린 것이었다. 이 친구의 직

3장 친애의 아름다움으로부터

업은 '프리터'로 오해받기 쉬운데, 프리터는 여러 가지 아르바이트로 생계를 이어 가는 것이고 친구는 여러 재능으로 여러 가지 프리랜서를 하며 일상을 영위하고 있었다. 생각해 보면 한 가지 방식만으로 사는 건 매우 기괴한 일이다. 옛날 '평생 직장'이라는 말이 당연했던 시절 이직은 매우 불안하고 벗어난 것이었다. 여러 일을 한다는 것은 사람들의 이해 범주에 있지 않았다. 그러나 지금은 이직이 당연한 때가 되었고, 이젠 여러 재능으로 살아가는 것이 이해의 영역에 비집고 들어와 불안하고 벗어난 것이나마 되었다. 사람들의 직업적 불안의 고정관념은 앞으로 바뀔 것이라고 나는 확신한다. 여러 재능으로 살아가는 이러한 삶의 방식이 앞으로 더 많아질 것이라고 확신한다. '이것저것 하며 산다'는 친구의 말처럼 우리는 실제로 이것저것 하며 살아가고 있기 때문에.

내가 삶의 형태를 이렇게 주야장천 늘어놓은 이유는, 이미 구축된 형태를 향한 이 관념의 옹벽이 브랜드에도 똑같이 적용되기 때문이다. 평범함이라는 하나의 목록, 그중 직장인이라는 하나의 항목, 직장인의 생활이라는 더 세밀한 하나의 항목. 이러한 '나'라는 한 인간의 운영 형태는, 제품 브랜드의 운영 형태로 이어진다. 이렇게 룩북을 찍어야 하고, 이렇게 시즌마다 제품을 내야 하고, 이렇게 재고를 처리해야 하고, 이렇게 플랫폼에 들어가야 하는 구축된 루트가 있다. 누가 시키지 않아도 그렇게 한다. 우리가 이 제껏 살아온 방식처럼, 이제껏 그런 브랜드에 노출되고 그 시스템 속에서 구매를 해 왔기 때문에. 이러한 구축된 루트를 따르는 방식의 문제점은 정해진 하나의 역할(관념)에 사로잡힌다는 점이다. 여기에 미달되면 스스로에게 화살을 돌려 자신의 역할에 대해 평가절하를 하기 시작하는데 나의 경우 '팔아야 하는 자'라는 역할에 감금되어 있었다.

계속해서 판매되는 물건을 디자인해야 한다는 강박, 가방이 쉽게 고장 나는 것이 아님에도 끊임없이 만들어 내야 한다는 자기기만, 아이디어가 없어도 시즌이 되면 물건을 내놓아야 한다는 조급함. 이러한 강박은 나로 하여금 팔리는 디자인을 못 만드는 사람, 내게 아이디어가 과연 있는가 의심하는 사람, 판매할 의지가 없는 사람으로 생각하게 했다. 제품군을 늘려 볼까? 다양화해 볼까? 아니야 이렇게 물건을 쌓아 올리는 것이 맞을까? 매 시즌마다 가방을 새로 사는 사람이 몇이나 될까? 팔리면 좋은 것이지만, 이것이 다 팔려야 할 의무는 없었다. 재미로 시작한 일이었지만 팔아야 해서 팔아야 하는 도돌이표 같은 굴레, 신규 고객이 중요함을 알지만 끝나지 않는 소비자로의 갈구와 피로함. 물건을 판매하는 자가 이래도 되나? 그럼 나는 무엇을 만들고 무엇을 팔아야 하지? 왜 무언가를 만들고 팔아야 하지? 지금 같은 소비시장이 영원할 것도 아닌데.

'지금 같은 소비시장이 영원할 것도 아닌데.'

나는 물건 소비의 시속이 점차 침착해질 것이라 생각한다. 소비가 급격히 줄지 않더라도 사람들은 스스로를 도울 수 있는 기술을 점차 희망해 갈 것이라 생각한다. 물건을 오늘날과 같은 속도로 만들어 팔지 않아도 무언가를 운영할 수 있다는 것도 언젠가 사람들의 이해 범주에 들어올 것이라고 생각한다. 내 친구의 직업이 그러한 것처럼, 나도 소비재를 파는 것 외에 다양한 재능으로 시장에서 살아남을 수 있는 시대가 올 것이라 생각한다. 그러니 지금, 이토록 기이한 패션 시장의 속도에서 살아가고 있는 나는, 이 자리의 스스로를 소화해야 했다.

나는 왜 만드는가.

나는 내가 만들기나 디자인에 종사할 줄은 꿈에도 생각지 못했지만 생각해 보면 어릴 적부터 손으로 하는 걸 좋아해 왔다. 집에 있는 스탠드 조명과 전화기, 실내화, 휴대폰 등을 아크릴물감이나 매니큐어 등으로 색칠한다거나 어딜 가서 맛있는 걸 먹으면 집에서 꼭 비슷한 맛을 흉내 내 요리를 하고, 롱패딩을 직접 잘라 손바느질하느라 온 집 구석에서 한 달 동안 깃털이 나오는 일도 있었다. 나는 손으로 만들어 내는 걸 좋아하는 사람이었다. 나는 좋아하는 것을 계속 만들고 싶었다. 이것은 판매할 의지라기보다 만드는 의지에 가까웠다. 그것이 팔리든 말든 무언가를 만들어 가며 생계를 유지할 수 있다면 그것으로 좋았던 것이다. 그야말로 스스로를 돕는 만들기. 그런 재미로 한 것을, 왜 당연히 팔려야 한다고 생각한 것일까? 내가 좋아하는 디자인을 하되, 매출이 부족하면 내가 좋아하는 다른 일을 병행해 보자고 생각했다. 만드는 일을 소비 시장으로 끌고 가는 것이 아닌 스스로를 도울 수 있는 기술로 만들기. 이 일이 스스로를 돕는 일이기 위해선 나의 어떠한 부분이 충족되어야 했다. 가령 상상한 것을 만드는 호기심과 표현 욕구, 가령 나와 내 주변을 이롭게 하는 사유나 행위. 이 이야기를 파트너에게 했을 때, 천성이 장사꾼인 파트너는 고개를 갸우뚱했다. 무슨 소린지 모르겠지만 하다 지겨우면 안 하거나 그래도 하고 싶으면 아무리 뭐라 해도 안 듣겠지, 라고 생각하는 듯했는데 아마 내 짐작이 맞을 것이다. 그리고 진짜로 나는 파트너가 이해하지 못해도 몰래몰래 조금씩 그렇게 해 가야지, 라고 생각했다. 물론 다 티가 났지만.

　나는 헌 옷으로 콜라주를 하는 워크숍을 열었다. 이름하여 직물 조각들의 '죠각 워크숍'. 콜라주는 분해이자 리폼이며 수선이자 감정이다. 이를 행위함으로써 잊혀져 가던 모자이크의 감각, 무심코 배열하는 무의식적의 감각, 어지럽힘을 다듬으며 내 것으로 만들어 가는 미적 감각. 백지에서 작품으로 나아가는 감각. 나는 옷감을 기우는 수선이라는 행위를 통해 세상에 존재하는 것을 돈 주고 사기보다 내가 생각하는 것을 세상에 존재하도록 만드는 경험을 했고 실수나 오점을 버리기보다 이를 감싸 안아 더 새로운 것으로 만드는 경험을 했다. 이 재밌는 것을 표현해야지! 이 재밌는 것을 널리 알려야지! 고쳐 쓰세요- 가방을 만드세요- 하는 수업이 아닌, 물건 유니버스를 1mm라도 다른 각도에서 스스로 바라보며 나를 도울 수 있도록 하는, 그럼으로써 도둑맞지 않을 수 있는 내면으로 향하는 워크숍.

4장

앎의 광활함으로부터

해체할 용기

나의 첫 워크숍은 헌옷을 콜라주해 가방을 만드는 작업이
었다. 셔링이나 옷깃, 단추 등을 활용하거나 패턴 등을 활
용해 가방을 만드는 시간이었는데, 첫 워크숍이 시작하고
얼마 후 나와 멤버 모두는 당황하고야 말았다. 옷을 사랑하
는 현대인들인 그들 대부분이 놀랍게도 옷을 어려워했기
때문이다. 옷을 진정 해체해도 되는지, 어디부터 어떻게 잘
라야 하는지, 어느 부분을 활용하면 좋을지, 잘못 재단했을
땐 어떻게 해야 하는지 어쩔 줄 몰라 했다. 입고 버리는 것
만이 전부인 우리 일상에서 옷을 해체해 무언가로 다시 만
든다는 것은 이제까지 없던, 혹은 매우 이질적인 행위였던
것이다. 자르는 방식도 활용하는 방식도 정해진 것이라곤
없었음에도, 옷은 본디 옷감이었음에도 불구하고, 태초에
식물이자 석유였음에도 불구하고, 풀어헤쳐진 옷의 모습
을 상상하지 못했다. 우리 모두 이제껏 주어진 쓰임만을 상
상해 왔으니, 입거나 버리는 두 가지 선택지에서 벗어나기

를 두려워하는 것이 당연했다.

구상해 온 스케치도 옷을 충분히 활용했다고는 하기 어려웠다. 어디부터 어디까지 길라잡이를 해 주어야 하나 잠시 고민에 빠졌다. 아직 충분히 활용하지 못한 옷의 디테일을 각자 개성의 범위로 남겨 두어야 할지 보다 많은 대안을 알려 주어야 할지 내가 멤버들의 생각을 침범하지 않는 범위의 워크숍은 어디까지일지. 그러나 이는 가르치는 영역이라기보다 스스로 알아차리는 영역에 가까웠다. 멤버들이 놓치는 디테일이 있는가 하면 내가 미처 생각지 못한 디테일도 있다. 결국 옷의 디테일을 어느 정도까지 사용하는지는 스스로 여기저기를 잘라 보며 그때 나타나는 옷감 조각의 형태를 눈으로 보고 만져 보아야만 그것이 활용의 방향으로 나아가는 것이었다. 내가 알려 준다고 해도 스스로 잘라 보지 않으면 다른 옷을 대할 때도 마찬가지로 알아챌 수 없을 테고, 그만의 개성으로 남겨 둔다 해도 스스로 잘라 보지 않으면 자신의 취향을 확장시키는 데 한계가 있었다.

우리는 더 깊숙이 해체하는 일이 필요했다. 무언가를 만들고자 해체하기에 앞서, 만드는 목적 없이 해체하는 일. 그리고 이를 흐트러뜨려 보고 다듬어도 보며 목적 없는 어떠함을 형성해 가는 일. 그럼으로써 해체가 해체이지 않게 되는, 누군가 정해 준 물건의 쓰임으로부터 자유로워지는, 그 자유로움은 내가 설정하는 것이 곧 쓰임이라는 자유로의 환원. 사실, 이것이 내가 하고 싶었던 것이었다. 가방을 만드는 일은 수단일 뿐 목적이 아니었다.

이 워크숍을 왜 하려고 했는가. 나는 본질로 되돌아가야 했다. 무의식적인 감각의 발현과 우연 또는 실수가 주는 반가움, 무엇이든 될 수 있다는 상상과 가능성, 그것이 발현되었을 때의 자기 효능감, 그리고 누군가에게 평가받을 필요 없는 나만의 몰입. 해체의 저 바닥에는 감정 노동의 부재가 있었다. 이 일은 감정 노동을 할 필요가 없는 작업인 것이다.

감정 노동은 감정에 이성의 개입이 지속될 때 일어난다. 다른 이의 기분을 살피는 일이 계속되거나, 하고 싶지 않은 일을 계속하거나, 칭찬이나 성과 등 무언가의 조급함에 시달린다거나 하는, 사실 매일같이 일어나는 일. 손님이나 직장 동료의 감정을 살피고, 기간과 성과에 조바심을 채근당하는 일.

우리가 스스로에게서 감정 노동을 떼어 놓는 시간을 지니고 있는가 묻는다면 아마 게임을 하거나 쇼츠를 보며 순간순간의 이성에서 벗어나곤 할 테지만, 이 시간은 스스로를 직면토록 돕지 않는다. 당장의 기분을 피하기 위해 빠져들거나, 혹은 빠져들고 말아서 어쩌다 보니 그때의 기분을 외면해 버린 결과를 낳는다. 이성의 시달림을 뿌리치고 나를 직면하는 일은… '잘'한다는 것의 개념을 지워 버린 있는 그대로의 받아들임이자 누군가에 의해 유도되지 않은 스스로 설정한 방향일 테다. 정해진 점심 시간에 밥을 먹는 것이 아닌 내가 배가 고픈 시간에 밥을 먹는다. 으레 그러한 것에 따르기보다 '으레'에 구구절절 반박도 해 보고, 누군가 추천해 준 조합을 따르기보다 나만의 합리화를 딛고 해괴한 혼종을 만들어 보기도 하는 그러한 것. 나로 말하자면 반드시 팔릴 만한 것을 만들어야 할 이유도 없으며 평범함이나 트렌드라는 기준도 없는 '그냥' 그러한 것이었다.

무언가를 만들기에 앞서 마음껏 해체할 용기의 작업이 필요했다. 해체할 수 있어야 새로이 만들 수 있었다. 해체의 자유를 맛보지 않고서 만드는 자유는 반쪽짜리인 것이다. 본디 얼마나 무엇이든 될 수 있는 실오라기 같은 것이었는지를 알아야 진정 얼마나 무엇이든 될 수 있는지를 알 수 있다. 해체할 용기란 정해진 기준을 분해하여 내가 스스로 재조립하는 데 목적이 있는, 작업인 것이다.

우리는 옷감을 잘라 모자이크를 했다. 우선 길게 쭉쭉 찢어 세로로 놓아 보고, 그 찢은 것을 더 잘게 잘라 곁가지로 놓아도 보고, 동그라미로 잘라 여기저기에 흩뿌렸다. 동그라미를 떼어 놓고 남은 조각의 귀퉁이는 또 다른 모자이크의 조각이 되었다. 옷감에 따라 올이 풀리는 녀석은 풀리도록 두었다. 나뭇결처럼 푸석이는 옷조각들의 단면 사이로 실은 흘러내렸다. 놓아두고 흘러내리며 조각들은 나름의 불규칙한 모양을 갖춰 나갔다. 그 불규칙함이 내 눈에 정돈되도록 이렇게도 옮겨 보고 저렇게도 옮겨 보며 나름의 안정감을 찾도록 도왔다. 이는 나무가 되기도 했고, 오전에 본 카페의 풍경이기도 했다.

나는 이 콜라주 작업을 '직물 액자'라고 불렀다.

직물 액자가 만들어지는 과정

우연과 성김의 손끝에서 만들어져 가는 이 작업은, 실수하면 안 된다는 조바심과 그럴듯한 것을 만들어야 한다는 부담의 감정 노동에서 우리를 잠시 떼어 놓고, 나를 감추고 타인을 비추며 빠르게 시간을 끌고 가는 쇼츠의 세계에서도 잠시 떼어 놓는다. 그리고 여기에 우리가 알아차리지 않으면 알 수 없는 일상의 표현 아래에 있는 순간들을 데려다 앉힌다. 요즘의 일상엔 이러한 것들이 놓일 자리가 없었다. 감각과 무의식, 수치화와 정량화로는 표현되지 않는 나의 혼란과 같은 어떤 것. 우리는 이것을 표현하며 살아왔던가? 일상 한편에 자리를 내어 주고 살아왔던가?

월급과 점수로 스스로 등급을 매겨 보거나 집의 평수와 대출 금액으로 삶의 척도를 계산하는, 이런 줄 세워진 것들. SNS에 내가 무엇을 생각하는지보다 어떤 경험을 구매했는지 그 순간을 드러내는 태그들. 옷감을 기우는 행위를 알아가기 전의 나는, 그런 사람이었다.

전문 작가가 아니라는 부담감에서 나를 떼어 놓고 지면 위에서 날아가고 잊혀질 뻔했던 감각과 기억을 붙잡아써 내려가고 있는 이 순간. 이 또한 연습을 먹고 자랐음을 나는 글을 쓰며 다시 한번 알았다.

손 가는 대로 어지럽히고 이를 차근차근 다듬으며 어지러움을 내키는 방향으로 달래는 연습, 누구든 표현할 수

직물 액자

있고 누구든 혼란을 붙잡아 다듬어 나가는 건 연습이 필요
하다는 사실을. 이것은 주어진 것을 해체할 용기에서 출발
한다.

실수는 없다

"그건 디자인의 영역이라… 정해진 건 없어서 내키는 대로 하면 돼요."

수업을 하며 말하는 가장 반복적인 대답이었다.

어느 수업에서든 나는 놀랐다. 생각한 것 이상으로 세세하게 물어 왔기 때문이다. 마치 정해진 답이 있다고 생각하는 것처럼. 선을 따라 일자로 박는 기초 재봉틀 실습에서도 어떤 색깔의 실을 써야 하는지 묻는다거나 어떤 방식으로 박아야 하는지를 물었고, 재봉으로 꽃을 그리는 실습에서는 꽃잎을 채워야 하는지 선만 따라서 박아야 하는지 등을 물었다. 우리는 생각보다 세세한 부분마저 지시를 받고 살아온 것일까, 문득문득 놀라는 순간이 많았다.

묻는 이들에게는 공통적으로 실수에 대한 망설임이 있었다. 이는 성인과 학생 모두 다르지 않았다. 학생들의 경우 어른들의 통제 속에 자라고 있어서인지 더 세세하게 질문하고 실수에 더 많이 낙담했다. 작은 실수에 다 망친 것처럼 금방 의욕을 잃거나 한 소리 들을까 눈치를 보았다. 성인들은 실수를 견뎌 온 누적된 세월이 있어서인지, 눈치를 보거나 순식간에 의욕을 잃진 않았지만 내가 해결해 주길 기다리거나 아예 버리고 새로 시작하기도 했다. 학생들은 혼날까 봐 눈치를 보는데 성인들은 자신이 못하는 사람처럼 보일까 망설였다.

이들의 실수는 무언가를 수선하거나 만드는 데 아무런 지장이 없었다. 점수를 매기는 시험이 아니니 혼날 필요도 없을뿐더러 애초에 자신이 설정한 방향과 다소 다를 뿐, 그 달라진 방향 속에서 멋진 모습을 하고 있었음에도 이 정도는 실수가 아니라고 말해도 받아들이기 어려워했다.

실밥을 틀어 다시 되돌아가는 방법과 모습이 달라지면 달라지는 대로 받아들이고 가는 방법이 있었지만 시간이 정해진 수업 특성상 주어진 환경에 맞출 수밖에 없으니 대부분의 경우 어쩔 수 없이 후자를 택했는데 여기서 학생과 성인의 공통점이 다시 한번 드러났다. 실수는 끌어안고 가는 게 아니라 되돌려 놓는 것이 우선이라고 생각하는 것이다. 이들의 이러한 태도는 실수에 대한 두려움에서 기인하는데, 이 두려움은 어떠한 깔끔한 해결 방법, 즉 정도(正

道)가 있다고 믿는 것에서 비롯되는 듯했다.

　　그러나 수선에 정도(正道)는 없다. 수선은 내 마음대로 기워 고치면 그것으로 되는 것이기 때문이다. 정도의 개념을 지우면 실수도 실수가 아니며, 해결도 해결이 아니다. 재봉하다가 한 번 옆으로 빗겨 가면 그것은 그냥 0.5mm 우회전한 스티치일 따름인 것이고, 의도된 것인지 의도하지 않은 것인지 모를 스티치에 해결은 필요가 없다.

나의 일은 재봉틀을 사용해 어떠한 형태를 만들기까지 길라잡이를 해 주는 것이었지만, 그 형태에 정해진 것이란 존재하지 않고, 스스로 만들어 가면 될 따름임이 전제가 되어야 했다. 각자 다른 재료로 각자 다른 디자인을 만드는 것이니 예쁜 것을 예쁘다 여기지 않고 못난 것을 못나다 여기지 않고 실수를 실수라 여기지 않도록 경험하게 해 주는 것. 그렇게 무언가를 완성하도록 해 주는 것. 이것이 내가 해야 할 일이었다.

　　직물 액자는 그러한 경험을 하기에 제격이었다. 직물을 도화지로 마음껏 사용해 보는 경험을 선행하여야 가방이나 옷과 같은 것들을 수선함에 있어서 정해진 쓰임이라는 사물의 역할에 짓눌리지 않고 수선을 펼칠 수 있었다. 일부러 뚫어 둔 구멍을 무심코 재봉해 버리면 구멍이 막힌

대로 만들도록 도왔고, 밑실이 엉켜 뭉텅이가 지면 그것을
스티치로 포장해 또 다른 모양을 낼 수 있도록 도왔다. 밑
그림보다 많이 비뚤어지면 틀어진 만큼 과감히 나아가 추
상적인 형태가 되도록 함께 궁리했으며, 재봉틀 속도에 못
이긴 직물이 어그러져 박히면 마치 원래부터 그러했던 양
시치미를 뚝 뗀 작품이 되도록 연출했다. 재봉이 버겁거나
시간이 부족하면 색연필로 직물을 메우기도 했다. 디테일
하게 표현하기 엄두가 나지 않는 곳은 사인펜으로 칠하기
도 했다.

워크숍 멤버의 직물 액자

허전해 보이는 공간을 메우다 보니 색연필과 사인펜으로
자기만의 그림판을 완성한 멤버. 누군가는 여백을 추구하
지만 누군가는 들어찬 것을 선호한다. 어디에 무엇을 배치

작업 중인 모습

하고 어디에 무엇을 그리든 그것은 자기 마음이다. 결국 멤버들이 완성한 작품은 다 자신의 모습을 닮아 있다.

어떤 방식으로 재봉해야 할지 생각이 닿지 않을 때, 손 그림을 그려 보면 다들 슥슥 진행해 나아간다. 재봉틀도 손으로 하는 작업이지만 손 그림은 그 이상으로 직관적인 낙서이기 때문이다. 재봉은 이를 거들 뿐. 재봉은 하나의 방법일 뿐 생각을 전개하는 것은 나 자신이다.

직물 액자

이런 무작위함도, 이런 무신경함도 모두 괜찮다.

실수와 완성의 경계가 모호하도록, 눈앞에 놓인 실의 방향에 정도(正道)란 없음을 확인하도록.

　우리는 언제나 내 마음대로 하기를 원하면서도 누군가의 지시를 기다린다. 정작 내 마음대로 해도 되는 순간 앞에서 자기 검열의 벽을 세우고 마는 우리는, 마음 가는 대로 해도 된다는 손끝의 감각에 이르기까지, 자기 검열의 벽을 부수기까지, 우연과 실수와 봉합의 경험으로 다다르고 마는 것이다.

나다움은 있다

이 일에는 여러 가지 강박이 있다. 팔리는 것을 만들어야 한다는 강박, 꾸준히 창작해야 한다는 강박, 그리고 나다워야 한다는 강박이 있다. 팔리는 디자인과 꾸준한 디자인은 어느 정도 조율하며 나아갈 수 있지만, 나다움(혹은 브랜드다움)은 어느 항목에나 기저에 깔려 있어야 하는 것이라서 팔리는 것을 만들되 나다워야 하고 꾸준히 창작하되 나다워야 한다는, 창작자를 향한 육중한 공격성이 있다.

고객이나 워크숍 멤버에게 어쩌다 이 제품을 구매했는지, 왜 이 워크숍을 수강하게 되었는지 물어보면 열에 아홉은 나다운, 혹은 나스러운 느낌 때문이라고 말했는데 이 말에 익숙해질수록 나날이 나다운 것에 집착하게 되는 것이었다. 이따금 이게 나다운 디자인일까? 내 느낌이 있나? 하는 질문으로 고치고 또 고치며 디자인이 산으로 끌고 가기도 했다. 이는 점점 만드는 것을 부담스럽게 했고, 창작이 버거워진 나와는 다르게 멋진 디자인이 뚝딱뚝딱 나오는 다른 이를 보며 애초에 나는 소질이 없었나 싶은 자괴감으로 시작해 이 일을 내가 언제까지 할 수 있을까 하는 일의 유통기한을 정해 보는 생각으로까지 도달하고 말았다.

요즘이라고 이런 생각을 안 하는 건 아니지만, 이전보다는 한결 편해진 마음으로 나의 불안을 바라볼 수 있게 되었는데 그냥 그렇게 시기가 흘러가서도 아니고, 내가 아주 마음에 드는 제품을 만들어 내게 되어서도 아니고 누군가 칭찬을 해 주어서도 아닌, 워크숍을 하면서부터였다.

나는 타인의 제품이 탄생하는 과정을 본 적이 없었다. 사람들이 어떤 식으로 디자인을 구상하고 어떤 방식으로 재봉을 하고 어떻게 직물과 실을 해석해 가는지 워크숍에서 처음으로 관찰했다. 우선 재봉을 배우는 첫 시간에서부터 확연하다. 일자 박기나 패턴 박기를 실습할 때, 누군가는 성급하지만 다양한 변수에 도전하고, 누군가는 느리지만 매우 신중하고 명확하며 누군가는 대충하는 듯 보이지만 무한한 반복으로 대충을 대충하지 않은 것처럼 보이는 요령을 취한다. 똑같은 재봉틀, 똑같은 천, 똑같은 실습 종이를 주어도 닮은 곳이라곤 하나도 없는 전혀 다른 형태의 결과물을 갖고 돌아갔다.

4장 앎의 광활함으로부터

수선으로 직물 액자를 만들거나 가방을 만드는 과정은 더 적나라하다. 옷을 자르는 것부터 누구는 한 땀 한 땀 뜨고, 누구는 가위로 북북 찢는다. 이는 디자인에도 드러나는데, 신중하고 명확한 누군가는 1cm의 오차도 허용하지 않을 듯한 매우 각 잡힌 가방을, 즉흥적이고 도전적인 누군가는 주름져 툭 떨어지는 자유분방한 가방을, 자기 취향이 명확하고 손이 빠른 누군가는 자신이 지닌 옷과 가방, 키링의 부분 부분을 조합하여 취향의 엑기스 같은 가방을 스케치해 왔다. 의외의 경험도 있었다. 가장 세세한 질문까지 하며 내게 확인을 받던 한 멤버는 즉흥 작업 시간이 되자 처음 해 보는 작업에 꽤 당황하였는데, 삐끗 엇나간 봉제를 다른 방향으로 살리는 실습을 하고 난 뒤 가장 빠른 속도로 즉흥 작업을 마무리했다. 즉흥 작업을 끼워 넣은 이유는 무심코 저지르는 경험을 하기 위해서였는데 항상 정확한 측정과 기록 오류와 오차에 집중해야만 했던 자신이 '이런 걸 좋아하는지 몰랐다'고 했다.

워크숍에 참가한 이들은 애쓰지 않아도 각자 자기 같은 것을 만들어 냈다. 나처럼 '나다움'에 집착하며 만드는 것이 아닌 결과물을 향한 무의식적인 의지로 만들었다. 그들은 스스로 헤맨다고 생각했겠지만 내 눈에 비친 그들은 자기 작업에 몰두하는 당사자들이었다.

아! 스스로 헤맨다고 생각해도, 남이 보는 나는 그냥 내 일에 몰두하는 사람이겠구나.

아! 나답지 않을까 걱정해도 남들이 보기엔 그래 봤자 '나'라는 사람이겠구나.

그들의 작업은 나를 위로했다. 똑같은 천이 주어져도 각자 다른 작품을 만들어 내듯, 똑같은 삶이 주어져도 우리는 각자 다른 방식으로 살아간다는 것, 같은 패션 시장에 놓여도 각자 다른 제품을 착용하고 다닌다는 것, 같은 회사에 다녀도 각자 다른 업무 효율과 방식과 성과를 낸다는 것, 그래서 같은 창작 시장에 있어도 각자 다른 창작을 한다는 것. 그들의 뒷모습은 말했다. 나다우려고 애쓰지 않아도 나다움은 그곳에 있었다. 수선은 혼자만의 시간에선 자유로움을 말하였고 함께하는 시간에선 저마다의 궤적을 부각시켰다.

수선은 저마다의 자유로운 궤적이었다.

5장

환경과 수선

친환경은 존재하지 않는다

자연환경을 오염하지 않고 일어나는 현대 문명은 거의 없다. 친환경이라 불려도 화학제는 대부분 사용하며 거의 모든 생산엔 석유에너지에서 탄소가 뿜어져 나온다. 텀블러를 사용하는 데도 텀블러를 생산해야 하고, 유기농 면을 사용해도 섬유 염색과 물 소비는 진행되어야 한다. 리사이클 섬유를 사용해도 어찌 되었든 섬유는 뽑아내고 환경 주방용품도 화학 세척을 거쳐 포장지에 싸여 팔린다.

친환경: 자연환경을 오염하지 않고 자연 그대로의 환경과 잘 어울리는 일 또는 그런 행위나 철학

'자연환경을 오염하지 않고 자연 그대로의 환경과 잘 어울리는' 친환경이 되려면 인간이 없어지거나 모든 것을 자연에너지로 생산하고 소비하는 전통적 사회로 돌아가야 한다. 우리가 말하는 친환경이란 '자연에 그나마 덜 해롭게'

라는 의미일 뿐이지 자연환경을 오염하지 않고 자연 그대로에 어울리는 행위는 전혀 아니다. 오늘날의 '친환경'은 소비하는 인간을 달래는 워딩으로 소비된다. 친환경이라는 단어의 남용은 쉽게 환경적 측면을 도구화한다. 환경을 위한 수선서비스는 소비로 이어지는 마케팅이 되고, 숙박 시설에 적힌 환경을 위한 물 절약은 기업의 책임을 소비자에게 전가시키며, 수많은 친환경 제품은 생산공정을 숨긴 채 소비를 합리화하는 정체성이 된다. 이를 큰 틀에서 '그린워싱'이라고 칭한다.

> 그린워싱: 기업이 실제로는 환경에 부정적인 영향을 미치면서도 마치 친환경적인 것처럼 홍보하는 행위

동물성 가죽이 아니라는 이유로 '비건 레더'라는 말을 사용하지만 실상은 레자라고 불리는 합성피혁까지도 '친환경 비건 레더'로 포장하여 판매하는 곳이 많다. 플라스틱 포장이 아니라는 이유로 종이 포장재를 사용하지만, 내외부에 코팅이 되어 있는 종이 포장재를 쓰는 곳도 많다. 기업뿐 아니라 소비자마저 그린워싱에 합류하기도 하는데, 친환경이라 좋다고 말하면서 정작 재사용 박스에 포장되어 오거나, 더스트백이 아닌 종이에 싸여 오는 것을 불쾌해

하는 사람도 많다. 기업에게 '친환경'은 그린워싱의 도구이고, 소비자에게 '친환경'은 합리화된 그린워싱 소비다. 오늘날 '친환경'이라는 단어는 그린워싱으로 향한다.

이상하게 들리겠지만 사실 그린워싱의 본질은 부정적인 것에서 출발하지 않았다(친환경이라는 것이 거의 없다시피 한 오늘날 그린워싱이 아닌 것이 어디 있겠냐마는). 우리가 이력서에 드러내야 하는 점을 좋게 뽑내어 쓰듯, 기업도 환경적으로 드러내야 하는 점을 좋게 뽑내어 쓰는, 그린워싱의 출발은 사실 자기 홍보였다. 우리는 타인의 이력서를 곧이곧대로 믿지 않는다. 레퍼런스 체크라는 절차를 거치고 면접을 통해 이력서 너머의 것을 가늠해 본다. 그런데 기업의 그린워싱을 두고는 레퍼런스 체크나 면접 따위가 이루어지지 않는다. 기업이 친환경이라고 하면 '친환경 제품이구나.' 하고 큰 틀에서의 상품 가늠의 절차는 끝난다. 이때 기업의 자기 홍보는 그린워싱이 된다.

그린워싱은 의심을 멈출 때 일어난다. 그리고 의심의 단절은 정보가 제한될 때, 제한된 정보로 소비자의 시야를 가려 버릴 때 시작된다. 정보는 왜 제한될까? 나는 제품을 제작해 본 시선에서 크게 세 가지 경우로 나누어 보았다.

첫 번째, 기업이 의도적으로 가리는 경우

패션 업계의 대표적 사례로 '비건 레더'의 오남용이 있다. 사람들이 '비건'에 기대하는 바를 석유계 합성피혁까지 확대시켜 소위 '레자'로 불리는 것을 친환경 소재인 양 둔갑시키는 사례인데, 세상에 존재하는 다양한 것들을 이르러 '동물성이 아니니 전부 다 비건이다.'라는 거친 방식으로 환원해 마케팅에 동원하는 것은 소비자 우롱이다. (패션 업계에서) 경험상 이것은 제조업체에서 발생하는 것이 아니라 판매자 단계에서 일어난다. 패션 플랫폼엔 '비건 레더' 표기가 넘쳐나지만, 수백 번 방문한 원단 시장에서 합성피혁을 '비건 레더'라고 표현하는 곳은 단 한 곳도 본 적이 없다. 제조공장에 연락했을 땐 '비건 레더' 이야기가 나오니 전화기 너머로 실소가 들렸다.

제조업체는 판매기업(브랜드와 같은)을 속이기 어렵다 (제조기업이 해외에 있어 검증이 어려운 경우는 별개다). 제조업체만큼 화학 공식에 빠삭하지 않더라도 업계에서 통용되는 원단 지식 정도는 갖추고 있기에 서로가 주고받는 질문의 단계가 다르다. 최종 소비자의 경우는 그렇지 않다. 어디서 원단의 바이오매스 함유 정도나 바닥지의 성분, PU 코팅과 실리콘 코팅 등에 대해 배우지 않는다. 판매업체가 제조업체의 연락처를 공개하는 것 또한 아니기에 정보의 습득 정도와 정보를 얻을 수 있는 루트 모두 제한되어 있다. 그래서 대부분의 '비건 레더' 표기는 판매기업 단계에서 일어난다. 왜? 최종 소비자의 눈을 가리는 것이 비교적 쉽기 때문에.

다른 사례로는 의외로 천연염색이 있다. 나는 인도네시아 전통 천연염색 원단인 바틱 원단을 좋아한다. 그날의 온도와 습도, 기울기 등 순간을 담은 염색의 맛이 제일의 매력이지만 그 직물이 가지고 있는 전통생산, 공정무역, 친환경 등의 이미지도 염색의 순수성에 매력을 더하는 데 큰 역할을 했다. 그러다가 바틱 소매상분과 이야기를 나누게 되었는데, 원단이 지역의 장인이나 소공인으로부터 생산되는 것이 아닌 해외의 대기업 산하의 공장에서 전통 방식으로 나온 원단인 것을 알고 큰 충격을 받은 적이 있다. 전통 천연염색을 구매한 게 아니라, 전통 천연염색이라는 이미지를 대기업으로부터 구매하고 있던 것이다. (지금 와서 생각하면 염료까지도 천연인지 의문이 든다.)

다른 경우도 있다. 한번은 쪽 염색에 관심이 있어 염색 키트에 기웃거리다가 실제로 배우러 갔는데 내가 알고 있던 쪽 염색 방식과 전통적으로 행해지는 방식에 큰 차이가 있었다. 진짜 전통 방식은 식물을 재배하고 조개껍데기를 가루로 만들어 몇 시간 동안 반죽처럼 섞어 만드는 등의 대단히 수고스럽고 복잡한 과정을 거쳤다. 내가 알고 있던 방식은 뭐지? 가루 몇 개를 물에 술술 풀어 염색하는 방식이 있는데, 선생님께 여쭤보니 이는 현대에 들어 개량화된 방식으로, 염료의 소화 방식이 청바지 생산과 거의 동일하여 환경에 좋지 않은 영향을 미친다고 하였다. 그럼에도 쪽 염색이라는 타이틀을 달고 '친환경 교육', '천연염색', '오가닉'으로 한데 뭉뚱그리고 있었다. 이 또한 모르고 구매하면 천연염색을 구매한 게 아니라, 청바지 염색을 구매한 것과 다름이 없었다.

우리는 사람조차 쉽게 믿지 않으면서 기업은 왜 그리도 쉽게 믿어 버릴까? 천연이든 친환경이든 기업이 내세우는 이미지 너머에는 보이지 않는 그 무엇이 반드시 있다. 허상을 제시하는 것은 무언가를 감추기 위해 새로운 대안을 내놓는 것이다. 기업의 이상형 마케팅을 한 발짝 떨어져 지켜보다 보면 기업이 어디서 허풍을 떠는지 하나씩 보이기 시작한다. 그 뒷면에 접근하게 될 때, 내가 무엇을 위해 이것을 사고자 했는지 본질로 돌아갈 수 있다. '이건 친환경이니까 사야지!'가 아니라, '어디부터 어디까지가 친환경인데?'라는 생각을 해야만 접근할 수 있는 이면이 있는 것이다.
　'친환경'을 이미지화하는 것이 나쁘다고 생각하지 않는다. 누구나 보여지고 싶은 이미지가 있고 소비하고 싶은 이미지가 있다. 그렇다고 하여 그 이미지 마케팅에 기만당하고 싶은 사람은 아무도 없다.

시장의 속임수를 조금씩 눈치채기 시작할 때, 불필요한 소비가 줄고 불편한 진실을 둘러싼 우리 주변의 것들을 마주하게 된다. 그때, 너무 거대해 접근하기 어려웠던 환경이라는 그 무엇은 비로소 내 곁의 땅과 풀로 다가올 것이다.

"화성에서 온 인류학자가 사회를 바라본다면 무엇을 보게 될까요? 사람들의 진정한 욕구를 충족시키기보다는 인위적인 욕구를 만들어 내는 사회를 보게 되지 않을까요? 경제가 그것에 의존하기 때문에 인위적인 욕구를 만들어 내는 것입니다."

— 가보르 마테, 〈under the skin Podcast〉 53편

두 번째, 정책이나 시장 등이 따라 주지 않는 경우

앞서 말한 비건 레더 논란도 정책이 따라 주지 않는 경우에 해당하지만(나라에서 규제를 만들면 논란거리가 될 일도 없다) 다른 경우를 또 말해 보자면 리사이클 소재를 들 수 있다. 대개 리사이클 소재라고 하면 폐페트를 재활용해서 썼다거나 나일론 공정 과정에서 나오는 잡사나 자투리 등을 모아 재

가공한 리사이클 나일론 등을 말한다. 요즘은 리사이클 데님도 나온다. 그런데 잠깐, 우리는 또 잠시 망각한 것 같다.

'무엇이 친환경인가?'처럼, 어디서 어디까지를 리사이클이라 부르는가? 이것을 먼저 생각해야 한다.

리사이클 '땡땡땡'이라고 하면 100% 리사이클을 생각할 테지만 그렇지 않다. 리사이클 표기를 붙여야 하는 경우는 어떤 인증을 받았냐에 따라 다른데, 적게는 5%만 리사이클 소재를 사용해도 리사이클 표기가 가능하다. 가장 공신력 있는 경우는 GRS 인증인데, GRS 로고를 사용하려면 소재의 50%만 리사이클로 사용하면 된다. 이때 또 조심해야 할 점은 로고 사용 없이 '인증'받았다고 하는 경우다. 인증만 받는 경우는 리사이클 소재를 20%만 사용하면 된다. 그러니 절반이 일반 나일론이나 폴리에스터여도 리사이클 소재라 표기할 수 있는 것이다.

이것을 리사이클 소재라 표현해도 되는가?

'리사이클 ○○% 함유'라고 표기해야 하는 것은 아닐까?

이러한 고민은 내게 찾아왔다. 리사이클 데님 소재를 처음으로 사용하여 제품을 제작해 본 때였다. 판매처에서는 리사이클 소재 100%라고 안내했는데 공장을 수소문해 연락해 보았더니 리사이클 약 40%와 면 60%가 섞여 있었다. 이걸 어떻게 따져야 할까? 이래도 되는 것일까? 리사이클 데님과 면 혼용을 리사이클 데님 100%라고 표기하는 것은 왜일까.

데님은 면을 기반으로 만들어졌다(폴리에스터나 스판 등이 들어가기도 하지만 내가 접촉한 업체는 면 100%의 데님만을 사용했다). 리사이클 데님은 데님의 파지를 새로이 가공하는 것이므로 기본적으로는 면이다. 가공이 데님일 뿐이다. 엄밀히 표기하자면 재가공 면 데님 40%에 새로운 면 60%, 이후에 리사이클 데님 공정을 넣은 것이다.

그러나 판매처의 시각으로는 이러했다. '다른 소재가 섞이지 않은 채 면만 사용되었고, 이 동일한 섬유에 전체적으로 리사이클 데님 가공이 들어갔으니 이를 40:60으로 굳이 나누어 표기할 필요가 없다!' 이는 마치… 오렌지 착즙 10%에 정제수를 섞은 오렌지주스를, 오렌지주스 100%라고 표기하는 것과 동일하게 다가왔다. 결론적으로 모두 면이라는 이유로 리사이클 100%가 되어 버렸고, 이는 소비자의 오해와 착각과 구매 실수를 일으키기에 다분한, 그러나 또 전부 면으로 된 것은 맞은 논쟁적인 그런 애매한 것이었다.

　　원칙적으로는 면 100%로 표기해야 맞다. 리사이클 표기는 재활용 원료가 적게는 5% 많게는 20% 이상만 포함되면 그뿐, '리사이클 100%'가 아닌 '리사이클' 인증과 함께 면 100%라고 표기하거나, RE면 40% + 면 60%로 표기하여야 한다. 따라야 하는 기준이 있고 위반 시 시정 요구 또는 과태료도 있다.

　　그럼에도 이러한 일이 발생하는 이유는 리사이클이 오늘날의 마케팅이자, 그 '리사이클'이라는 단어의 선함을 과장하기에 그 이면을 의심하지 않기 때문이다. 무엇보다 혼용률 표기를 위한 검사는 법적으로 의무가 아니다(최근 대형 패션 플랫폼에서 발생한 캐시미어나 구스다운 혼용률 허위 기재 사건 또한 여기서 출발한다).

나에게 자책과 의지를 안겨 주는 모순 같은 생분해 폴리에스터(혹은 플라스틱) 이야기를 해 보자. 생분해면 삼베나 면처럼 분해가 되는 것일까? 이름만 들으면 정말 좋아 보인다. 플라스틱의 원초적 문제는 분해가 잘되지 않는다는 것에 있기 때문이다. 생분해 폴리에스터는 폐페트병을 리사이클 폴리에스터로 재생산하는 과정에서 특정 공정을 추가해 일정한 환경(58℃ 정도의 토양)이 갖추어졌을 때 미생물 토양이 만나 퇴비화가 진행되는 것을 말한다. 이때 문제는 일정한 환경이 거의 없다는 점에 있다. 어떤 땅이 58℃란 말인가…. 그래서 퇴비화 시설이 필요하다. 생분해 플라스틱과 폴리에스터는 우선 퇴비화 시설이 있어야 의미가 있고, 퇴비화 시설 이전에 생분해되는 그들끼리 별도로 수거되어야 가능하다(일반 폴리에스터는 분해되지 않으니까).

안타깝게도 우리나라에선 둘 다 실행되고 있지 않다. 별도의 수거 제도도 없거니와, 수거되었다 해도 퇴비화 시설이 거의 없다. 한국에서 생분해 폴리에스터(플라스틱)는 '생분해'에 의미를 두는 것이 무용하다.

하여 정부는 2024년까지만 생분해 플라스틱 인증 제도를 운영하기로 했었다.

'이런 비용조차 아깝다! 생분해 폴리에스터 다 금지! 오로지 현행대로만 한다!'가 나은 사회적 비용일까? 아니면 '이건 공동체를 위한 투자야! 생분해 시설 만들어! 수거 기관 지원해!'가 나은 사회적 비용일까? '아, 국가에서 제도를 만들지 않으니 나도 쓰지 말아야지'가 맞는 것일까? '우리가 앞으로 더 사용해서 국가가 귀를 기울이도록 해야겠다'가 맞는 것일까?

미래를 살아 보지 않은 나는 아직도 잘 모르겠다. 그럼에도 생분해 폴리에스터 원단을 사용하는 이유는 우리가 아직 가 보지 않은 길을 가 보는 것도 유의미하지 않을까, '이

런 생분해되는 방법도 있어요(물론 시설이 필요하지만).'라고
한 사람에게라도 알리면 좋지 않을까 하는 기대감이었다.

2024년의 끝자락, 정부는 늘어나는 생분해 플라스틱 사용
에 대하여 인증 폐지를 2028년으로 유예했다. 그리고 생분
해 플라스틱 분류 코드를 발행 예정이라고 밝혔다. 2년간
실증 사업을 거쳐 문제 없이 진행되면 생분해 플라스틱이
별도 수거될 수 있게 된다.

이처럼 제도가 없을 때 우리는 모르게 되고 제도가 있을 때
우리는 알게 된다.

세 번째, 그냥 담론이 부족한 경우

앞서 말한 첫 번째와 두 번째를 아우르는 이유라고 할 수
있다. 우리에게 이러한 정보들이 부족한 이유는 '친환경의
정의가 뭘까', '재활용의 기준이 뭘까' 하는 담론이 없기 때
문이다. 그러니 기업이 쓰는 친환경이라는 말을 곧이곧대
로 받아들여 별다른 의심을 하지 않는다. 생분해 플라스틱
이 진짜로 생분해된다고 믿으며 다른 쓰레기와 함께 배출
하는 것은 생분해 플라스틱에 대해 전혀 모르기 때문이다.

141

유기농 면 100%의 푸른 빛 원단을 사며 이것은 유기농이니 괜찮다고 생각하는 것은, 푸른 빛의 염색의 공정을 모르기 때문이다. 대부분의 염색은 유기농도 친환경도 아니다(그래서 나는 리사이클 원단에 '친환경'이라는 말을 붙이지 않는다). 이것은 리사이클 섬유니 괜찮다고 생각하며 소비를 정당화하는 것은 리사이클 공정을 모르기 때문이다. 리사이클이나 유기농 제품을 사는 것이 나은 건 당연하지만 '그러니까 사도 된다'라는 것은 위험하다. 의심을 멈출 때, 담론이 멈출 때 그린워싱은 팽배해진다. 리사이클 공정을 하며 탄소를 배출하는 것까지도 친환경이라 말할 것인가에 대한 논의로부터 공정은 재정립될 것이다. 전통 방식으로 염색되었지만 공산품으로 태어난 안료의 사용까지도 친환경이라 말할 것인지에 대한 논의로부터 단어는 재정의될 것이다.

　'그린워싱'이라는 단어. 이 단어로부터 '무엇이 친환경인가?' 하는 담론은 시작된다. 단어가 태어난 것은, 누군가 의심하기 시작했다는 것. 누군가 정보를 퍼뜨리기 시작했다는 것이다. 의심은 관심에서 비롯된다. 친환경이라는 단어의 오남용은, 그만큼 친환경에 관심이 모이는 시대가 되었으며 그들이 친환경이 무엇인지를 묻는 사회가 형성되고 있음을 말한다.

대개 환경을 위한 소비를 해야 한다고들 한다. 물도 아끼고 플라스틱은 쓰면 안 되고 에어컨도 줄이자고 한다. 맞는 말이지만 접근 방식으로는 아쉬움이 많다. '친환경이 되자!'라는 결과론만 있을 뿐 이 거대한 환경 속에서 인간 존재의 의미는 무엇에 있고 어디에 어떻게 연결되어 있는지 담론이 없기 때문이다. 살아가는 세계와 구석구석 연결되어 있는 것이 아닌 단순히 에어컨을 절약하자! 플라스틱을 근절하자! 라는 현대 문명사회에 불가능해 보이는 언어를 외치는 것으로 보이는 것이다.

이기적이게도 인간은 더 큰 무엇보다 당장 눈앞의 것에 천착한다. 오늘날 환경과 인간의 연결고리가 눈에서 더 멀어진 것처럼 보이는 이유는 우리를 둘러싼 세계가 관계적, 물질적으로 세분화되고 분절되어 있기 때문이다. 나는 친환경과 기후 위기로 공포 마케팅을 하는 것도 좋아하지 않고 환경 운동가적인 고행의 생활 방식을 좋아하지도 않는다. 환경을 위한 소비는 엄밀히 말하면 없다. 소비 자체가 환경에 해가 되며 더 극단적으로 나가면 오늘날의 문명사회와 이를 영위하는 인간은 지구를 위해 하루빨리 단명해야 하지 않을까? 이러한 결론으로 나아가는 것은 친환경을 말하지만 문명 사회에서의 실질적인 친환경이 무엇인지 논하진 않기 때문이다.

인간이 하루빨리 단명해야 한다거나, 산업 사회 이전으로 회귀해야 한다거나 하는 극단적 결론에 다다르지 않기 위해서는 어떤 접근이 필요할까? 환경을 낙원과 같은 먼 이상으로 대상화하는 것이 아닌, '우리는 지구별 존재들로 하여금 존재한다.'라는 구성원적 인지로 출발하려면 어떤 접근이 필요할까?

실천은 상상할 때 존재한다

수선은 직물의 폐기를 줄이고 새 옷의 소비를 줄인다는 점에서 친환경적 행위로 소개되곤 한다. 그렇지만 사람들은 계속해서 새 옷을 산다. 수선을 해서 수명을 늘일 뿐 요즘의 우리는 수선을 해도 옷은 계속 산다. 수선을 하기 위해 필요한 재료도 새롭게 소비된다. 재료를 사다가 배보다 배꼽이 더 커지기도 한다. 수선이 일상이던 시절이라고 환경을 생각하여 수선한 것도 아니다. 오래전의 수선은 옷감이 풍부하지 않아 다시 쓰는 행위로서 진행되었을 뿐이다. 오늘날의 수선은 환경적 부분만이 강조되어 있지만 실상은 의미보다 멋으로 일어나는 것에 가깝다. 사시코라는 즐거워 보이는 행위, 수선이라는 지극히 나만의 물건을 소유하는 행위, 재봉이라는 대중 소비문화에서 벗어난 행위. 이 행위가 실행되고 나서야 비로소 환경적인 의미가 붙는다. 비정한 문장이겠으나, 수선의 세계에서 환경적 측면은 결과론적이다.

행위로서의 수선은 친환경에 대한 실천 그 앞단에 존재한다. 수선은 패션 시장이 정해 준 옷 형태가 부여한 특정 시각적 이상형 그 이전을 생각하게 한다. 성수동 팝업스토어에서 만날 법한 그런 옷이 되기 전 기업이 이상형을 부여해 주기 전의 형태, 그 백지에서 펼쳐질 상상의 기저를 생각하게 한다. 실용품이 될 수도 공예가 될 수도 낙서가 될 수도, 시장이 정해 주지 않은 내가 부여한 그것을 상상하게 한다.

옷이 되기 전의 직물, 도자기가 되기 전의 흙, 텀블러가 되기 전의 스테인리스, 탱탱볼이 되기 전의 클리어글루, 양초가 되기 전의 밀랍. 수선은 부여된 쓰임 이전의 세계로 우리를 끌고 가 우리를 브랜드에서 봉제공장으로, 봉제공장에서 직기공장으로 상상의 범위를 넓혀 가는 것이다.

사물 이전의 모습을 만난 우리는 재료에 대해 생각한다. 재료를 만난 우리는 쓰임이라는 것에 대해 생각한다. 쓰임을 만난 우리는 만듦에 대해 생각한다. 만듦을 만난 우리는 사용 후 남겨지는 것(혹은 버려지는 것이라 부른다)에 대해 생각한다. 남겨지는 것을 만난 우리는 이를 모아 두었다가 다시 사용하는 것에 대해 생각한다. 재료는 만듦과 만나고, 만듦은 곧 남김 없는 사용으로 나아간다. 그리하여 수선은 결과에 이르러 환경과 만난다. 수선은 환경을 위해 시작되는 것이 아니라 만듦과 생각으로 뭉쳐지며 나아가다가 만나는, 세상에 존재하는, 지구가 빚어낸 재료와의 만남인 것이다.

그러니 수선을 환경적인 실천으로만 바라보는 것은 좁은 범위이다. 수선은 언제 어디서 누가 하는지도 모르게 존재하는 것들로 침대 위에서 카페에서 워크숍에서 일어나는 개인들의 지구적인 고요한 실천이다. 온갖 재료와 무수한 존재, 상상과 다양한 만듦, 다양한 쓰임. 이렇게 사물의 세계는 넓어진다.

수선은 소비를 줄이기보다 폐기를 미루는 행위에 가깝다. 수선이 환경에 이바지하는 것은 맞지만, 친환경이라는 이상적인 대안은 될 수 없기에 수선을 환경적인 키워드로만 접근하는 것은 매우 협소한 시각으로서의 접근이다.

나는 워크숍에서 친환경이라는 말을 굳이 콕 집어 말하지 않는다. 지구적인 생각으로 나아가는 작은 방법 하나를 말하고 싶다. 워크숍에 참여하는 멤버들은 환경을 위해 헌 옷을 찾지 않았다. 재미로 시작했던 그들은 헌 옷을 찾아내고 나서야 비로소 안 입는 옷이 많음을 알아차렸다. 그들은 노동의 고귀함을 알고자 수선을 시작하지 않았다. 호기심으로 시작했던 그들은 기계의 섬세함에 손이 휘둘리고 나서야 비로소 손으로 만들어지는 옷의 무게를 알아차렸다. 고쳐 쓰는 행위는 이 땅에 존재하지만 내 눈에 보이지 않던 것들의 이

해로부터 나아가 환경에 이르는 것이다.

　　나는 환경에 대한 결과론적 접근에 썩 반응하지 않는 편이지만, 환경은 결과다. 왜? 모든 행위의 시작과 끝에 환경이 있기 때문에. 중요한 점은 우리는 과정을 살고 있다는 것. 결과를 강조하기보다 과정에서 이를 느낄 수 있어야 한다. 환경적 측면은 결과로 자연스레 따라오는 것이지 환경을 위해 반드시 수선을 해야 한다고 말하고 싶지 않다. 우리는 물건에 존재하는 작은 과정을 보고 그것이 존재들에 미치는 영향을 본다. 재료와 존재를 상상하고, 손으로 일구는 원초적 행위로부터 수선, 그리고 환경은 시작된다고 말하고 싶다.

우리는 상상으로 실천하는 중이다.

친환경 소재라 불리는 원단들

1) 면

세상에 태어나 처음 몸에 닿는 것으로 시작하여 하루의 피로를 풀고 긴 잠에서 새로운 하루를 시작할 때, 내 곁을 청결히 하고자 할 때 등 인간의 원초적 일상에 늘 함께하는 소재다. 목화에서 재배되어 뛰어난 흡습성과 좋은 촉감을 지니고 오랜 옛날부터 인류와 함께해 왔다. 면의 가공 방식에 따라 광목, 코듀로이, 데님 등이 된다(코듀로이와 데님은 가공의 하나로 폴리에스터나 스판을 섞어 만들어지기도 하지만 면 100%로 만들어지기도 한다).

　다만 이토록 광범위하게 사용되는 소재다 보니 대규모 경작으로 인한 여러 문제가 따라다닌다. 목화를 재배하며 사용되는 살충제는 전 세계 살충제 사용량의 1/4에 달한다. 여기서 일어나는 염색 및 가공에서 비롯된 환경오염, 나아가 착취 감금 노동, 미취학 아동 노동, 농약 살포에 노출된 노동자 문제 등도 목화농장에 따라다니는 꼬리표 중

하나다. 이를 대안으로 유기농 면(오가닉 코튼)이 생산되고 있으나 가공 및 염색에서 자유롭지 못하기에 유기농은 또 어디서부터 어디까지를 유기농이라 하는가에 대한 문제가 다시 시작된다.

2) 마

투박함과 소박함. 다른 소재로는 흉내 낼 수 없는 목가적 질감을 지닌 것이 바로 마직이다. 기원전 수천 년 전부터 사용되어 온 면과 더불어 아주 오랫동안 사용된 천연소재로, 리넨, 삼베, 모시, 황마 모두 마의 일종이다. 흥미로운 점은 마직이라는 하나의 종류에서 계급이 뚜렷하게 나뉜다는 것인데, 모시와 리넨은 주로 부유층에서, 황마와 삼베는 주로 서민층이 사용했다. 모시와 리넨은 조직이 가늘고 섬세하지만 황마와 삼베는 조직이 굵고 성긴 편이기에 비교적 공정이 쉬워 저렴한 편에 속했다, 그러나 오늘날 천연섬유는 고수해야만 하는 특유의 생산 공정에서 자유롭지 못하여 합성섬유에 비하여 상대적으로 더 비싸졌다. 리넨을 비롯한 마직은 마 자체가 척박한 토양에서도 잘 자라고 목화에 비해 물을 적게 필요로 한다는 점에서 면보다 환경 피해가 덜하다. 다만 면에서도 이야기했듯 염색을 비롯한

후가공이 들어간다면 또 이야기가 달라진다. 생각보다 가공은 주름방지, 방축, 방염, 워싱, 코팅, 표백, 방수, 염색, 정련 등 엄청나게 많은 가공이 있다. 이제는 가내수공업 형식으로 만들어지지 않는 이상 친환경 섬유는 존재하지 않는 것인지도 모른다.

3) 레이온

후들후들한 광택으로 얼핏 보면 실크 같기도, 얼핏 보면 윤기 나는 면 같기도 한 것이 있다. 길을 가다가 옷가게에 걸린 향수 짙은 '풍기인견' 간판을 본 적이 있다면 그것이 바로 레이온이라 하겠다('풍기'는 지역명으로 '한산모시'처럼 인견 브랜드의 하나다). 그러나 모든 레이온이 인견은 아니다. 레이온이라는 큰 갈래에 인견(=비스코스 레이온. 이하 생략), 모달, 텐셀이라는 것이 있다.

　안타깝게도 레이온은 '비건 레더' 다음으로 그린워싱에 자주 끌려오는 소재다. 주로 '천연섬유'라고 소개되지만 '천연원료'를 사용했을 뿐 '천연섬유'가 아니기 때문이다. 레이온의 원료는 나무나 유칼립투스 같은 식물에서 추출한 섬유질로 이를 화학적으로 녹였다가 섬유로 만든다. 그러니까 원료만 자연물이고 섬유 자체는 천연이 아니다

(원재료를 녹였다가 다시 재생했다는 점에서, 업계에서는 이를 재생섬유라 한다). 그런데 여기서 구분해야 할 점은, 인견과 모달, 텐셀의 차이점이다.

인견은 무분별 벌목 위험이 있는 목재 펄프를 사용하며 셀룰로스를 녹이는 데 많은 양의 물과 화학 용제와 에너지를 사용하여 공정에서 이산화황이 배출된다. 이를 보완하기 위해 개발된 것이 모달이다. 비교적 환경에 부담이 덜한데 FSC(지속가능삼림인증)을 받은 숲에서 자란 나무들만 사용하고, 공정에서 발생한 공정 용수를 재사용한다. 다만 모달은 공정에서 레이온처럼 이산화황이 배출된다. 그리고 또 이를 보완하여 이산화황이 배출되지 않도록 개발한 것이 텐셀이다. 간단히 정리하자면 레이온 > 모달 > 텐셀 순서로 개선되었고, 세 종류 모두 널리 사용되지만 요즘의 각광받는 레이온은 텐셀이다! 이 말이다.

*   다시 한번 말하지만, 천연원료를 사용하였다고 해서 천연섬유가 아니다. 이를 천연섬유라고 한다면, 폴리에스터나 나일론도 석유라는 천연물을 통해 생산된 섬유이니 천연섬유라고 해야 한다.

폴리에스터나 나일론 등은 합성섬유라고 한다. 재생섬유도 합성섬유도 천연물에서 비롯되었는데, 왜 천연섬유가 아니며 이들의 차이는 무엇일까?

천연섬유: 천연물 자체를 가공하여 섬유로 만든 것.

(예: 목화솜을 물리적으로 늘이고 꼬아 면 실을 만든다)

재생섬유: 천연물에서 특정 성분을 추출한 뒤 화학 공정을

거쳐 섬유로 만든 것.

(예: 너도밤나무에서 셀룰로스 성분을 추출해 화학적으로

녹인 뒤 모달 섬유로 뽑아낸다)

합성섬유: 엄밀히 말하자면 합성에 필요한 분자를

화석연료에서 뽑아내 재조합/합성하는 것. 즉,

화석연료 기반 물질을 분자 단위로 쪼갠 뒤

이를 재조합/합성하여 섬유로 만든 것.

(예: 석유를 끓여 나프타를 얻고, 나프타를 또 열로 쪼개

작은 분자로 만든 뒤, 이 중 필요한 분자를 긴사슬 형태로

이어 붙여 폴리에스터 섬유를 뽑아낸다)

4) 리사이클 폴리에스터

폴리에스터는 PET다. 우리가 흔히 아는 콜라나 사이다 페
트병이 맞다. 대개 분리수거를 할 때 플라스틱류면 함께 묶
어 분리수거를 하는데, 이때 옷이 될 수 있는 플라스틱은

PP나 PVC 등이 섞이지 않은 순수 PET다. 이때 순수라는 것은 색이 섞이지 않은 투명한 페트를 말한다(색이나 다른 불순물이 섞이면 불필요한 공정이 늘어나거나 불량률이 높아지고 강도가 저하되는 등 질이 떨어진다). 이들은 위에서 언급한 합성섬유로, 질 좋은 PET를 분쇄하고 녹여 얇은 실로 다시 뽑아낸다. 정말 완벽해 보이지만, 여기에서도 조심해야 할 점이 있다. 요즘 리사이클 폴리에스터의 수요가 급증하다 보니 해외 등지에서 PET를 일부러 생산하는 사례도 있다고 한다. 안타깝게도 이는 소비자들이 알 수 있는 방법이 없다.

이러한 일이 발생하는 이유는 질 좋은 PET가 절대적으로 부족하기 때문이다. 이를 크게 두 가지로 나누어 보자면, 하나는 순수 PET 소재라도 세척해서 내놓지 않으면 재활용하지 못하는 경우가 많다. 눌어붙은 음식물이나 떼어지지 않은 라벨이나 본드 등, 이들이 함께 섞이면 기계에 좋지 않은 영향을 끼치거나 불량이 나올 수 있다.

다른 하나는 순수 PET 생산율이 적다는 데 있다. PET를 찾다 보면 생각보다 색이 들어가거나, 떨어지지 않는 라벨 접착제를 쓰는 경우, 다른 소재를 혼합한 경우가 너무너무 많다. 특히 식품류나 욕실용품 등이 그러한데 높은 보존성과 강도 유지, 마케팅상의 디자인을 위하여 이렇게 제작된다. 그러니 애초에 분리수거를 잘하여도 사용할 수 있는 순수 PET의 수거율이 지극히 적어서 수거된 PET에서 재사용되는 PET의 비율은 고작 27%밖에 되지 않는다. 나머지는 다 소각된다.

*　　리사이클 나일론은 나일론 생산 공정에서 나온 자투리나 불량 등을 모아 다시 재생산하는 경우가 대부분이다. 리사이클 데님이나 리사이클 폴리에스터처럼 기존에 사용되고 있던 것들을 분쇄하여 재사용하는 경우는 극히 적다.
　　그 이유로는 순수한 상태의 나일론을 찾기 어렵다는 데 있다. 리사이클 폴리에스터는 투명하고 깨끗한 PET라는 것이 있지만 나일론은 그런 상용화된 제품이 많지 않다. 원단들도 이미 염색과 가공을 거쳤기에 순수한 상태가 아니다. 리사이클 데님은 일정 정도의 색이 섞여도 데님 그 자체의 멋으로 받아들이지만 나일론은 그렇지 않기에 순수한 상태의 나일론을 찾기 위해서는 공정에서 나오는 파지 등을 사용하는 방법이 가장 효율적이다.

*　　안타깝게도 리사이클 공정은 기계를 돌리는 데 많은 공업용수와 에너지원이 필요하다. 물론 기존 폴리에스터나 나일론을 생산할 때보다 적은 양이 필요하고 폐기물이 덜 발생한다는 점은 유의미하지만 공정상 발생하는 탄소,

에너지, 물 문제는 동일하게 발생한다. 그러니 리사이클 원단이 친환경이라고 함은 우리가 상상하는 순수한 의미의 친환경이 아니다. 아예 친환경이 아니라고도 할 수 없고, 순수한 의미의 친환경이라고도 할 수 없는 리사이클 원단은 대체 무엇일까? 아니, 친환경의 기준은 무엇일까?

5) 식물성 가죽

요즘 대안 가죽으로 일컬어지는 것 중 식물에서 원료를 추출한 것을 말한다. 대표적으로 선인장 가죽, 한지 가죽, 파인애플 가죽, 사과 가죽, 버섯 가죽, 커피 가죽, 코르크 가죽 등이 있다. 이들은 대개(업체나 원료에 따라 제작 방식이 조금씩 다르기도 하지만) 원료가 되는 식물에서 셀룰로스를 추출해 원단 위에 코팅하여 만들어지거나, 펄프화하여 원단 위에 압착하는 방식으로 만들어진다.

대개 지역 농가와 공생하여 농업부산물을 얻고, 가죽을 얻기 위한 도살이 일어나지 않는다는 점에서 주목받고 있다. 이들은 주로 환경에 관심이 있는 업체들이라 채취해도 다시 자라나는 잎만을 골라 쓰거나 버려지는 껍질, 부산물 등을 활용하는 등 무분별한 식물 채집이 일어나지 않도록 주의를 기울이고 코팅제나 합성수지도 비교적 환경에 덜 해로운 것들을 사용한다. 단, 식물성 가죽이라고 하여 다 식물이 아닌 경우가 있음을 명심해야 한다. 이들 가죽은 면이나 폴리에스터, 부직포 같은 원단 위에 코팅되거나 압착되어 만들어진다. 이때 바닥이 되는 원단을 바닥지라 일컫는데, 같은 업체라도 생산 모델에 따라 어떤 건 면 위에 코팅을 하고, 어떤 건 인조 스웨이드 위에 코팅을 하는 등 다양하게 사용한다. 그리고 내가 거쳐 온 식물성 가죽들은 바닥지로 합성섬유를 사용하는 곳이 더 많았다. 왜? 부드럽고 탄탄한 소재감을 내기 위해서.

그러면 문제는 원단으로 다시 되돌아간다. 바닥지에 쓰이는 면은 유기농 면으로 만들어졌는가? 바닥지에 쓰인 합성섬유는 석유 기반 원단인데 그럼 이것을 식물성 가죽이라 할 수 있는가?

우선 업계 관행상으로는 식물성 물질이 50% 이상이면 식물성 가죽으로 인정하는 분위기가 있으나 우리나라에 명확한 기준은 아직 없다.

식물성이라는 것은 어느 시점부터인가? 이 질문으로 돌아가야 한다.

* 가죽은 크게 두 부류로 나뉜다. 동물 피혁인 천연 가죽, 흔히 '레자'라고 불리는 인조 가죽(합성피혁), 다만, 최근

나타나기 시작한 식물성 가죽은 그 범주가 애매하다. 석유계 화합물이 사용되면 합성피혁일 테지만 그렇지 않은 식물성 가죽의 경우 그냥 인조 가죽일 따름이다. 이에 대한 재정의가 필요해 보인다.

6) 리사이클 가죽

천연 가죽, 인조 가죽 외에 하나가 더 있다. 콤퍼지션 레더라고 불리는 접착 가죽이다. 리사이클 가죽이 이에 속한다. 리사이클 가죽은 버려진 천연 가죽 제품을 잘게 부수어 다시 가죽 원단으로 만든 것을 말한다. 여러 방식이 있겠으나 대표적으로, 가죽 부스러기에 수지(접착제)를 섞어 원단 부스러기와 함께 뭉치거나, 압력 등으로 가죽 부스러기를 원단 위에 압착하여 천연 가죽과 같은 형태로 만든다. 접착 가죽, 말 그대로 천연 가죽 부스러기를 특정 방식을 통해 바닥지 위에 접착한다는 말이다. 경험상 가죽 부스러기가 많이 함유될수록 진짜 가죽 같은 질감과 강도를 지녔다.

리사이클 가죽은 식물성 가죽처럼 동물을 도살하지 않고, 버려지는 폐가죽들을 사용해 만든다는 장점이 있다. 폐기를 늦추고 도살도 하지 않는다. 다만, 여기에서도 바닥지는 흔히 합성섬유가 사용된다. 그리고 합성수지(수지는 접착제라고 보면 된다)나 코팅제를 일반 합성피혁(레자)에 사용되는 것과 동일한 용제를 사용해 만들어지는 것들도 많다. 이 경우, 합성피혁에서 큰 문제가 되는 코팅제나 수지 같은 유독한 물질들이 발생한다. 하여 요즘 대기업을 중심으로 식물성 수지나 환경에 순한 코팅제 등이 차츰 상용화되고 있지만 내가 보았던 바이오 수지 접착 가죽은 천연 가죽보다도 비쌌다(그럼 소비자가격도 비싸지겠지).

동물을 도살하지 않고 물건의 폐기를 늦추지만 그 외의 요소는 그다지 친환경적이지 않다. 친환경과 친환경 사이 어딘가.

만약 당신이 30만 원 짜리 가방을 구매하려 한다면, 천연가죽을 사겠는가 식물성 수지를 쓴 접착 가죽을 사겠는가? 우리의 인식이 식물성 수지를 쓴 접착 가죽을 선택하려 하기 위해선 무엇이 변화해야 할까?

여기까지 읽었다면, 리사이클 공정이 생각보다 친환경적이지 않다는 것을 알게 되었을 테다. 우리가 이제껏 친환경이라 여기던 것은 무엇이란 말인가! 이것마저 친환경이 아니라면 친환경은 정말 가능하단 말인가? 친환경의 정의를 어떻게 내려야 오남용되지 않을 수 있을까? 원단 커뮤니티에서 친환경 관련 글이 올라오면 간혹 친환경을 논하다가

염세주의로 빠지는 사람들을 심심찮게 볼 수 있다. 인간이 사라지지 않고 환경을 해하지 않는 리사이클 방법이란 있는 것일까? 수렵 채집 시대로 돌아가지 않고, 과학 문명을 이용하는 것이 죄악이 되지 않는 방법은 없을까?

우리에겐 더 많은 담론과 제도적 기준이 필요하다. 친환경에 대한 재정의, 기술 발전과 환경 담론에 발맞춘 제도의 재정비. 이러한 것들이 우리를 더 나은 기술로 끌고 갈 것이고 친환경이란 단어의 오남용을 줄이며 친환경이란 소비 낚시에 당하지 않도록 소비자를 훈련시킬 것이다. '친환경'이라는 단어를 보면 항상 질문하자.

'이 제품의 어디부터 어디까지가 친환경이라는 것일까?' 하고.

6장

무턱대고 시작하는 수선

기법을 함부로 고른다는 것이 매우 조심스럽다. 수선을 어떻게 배운 사람인지에 따라 다르고, 어떨 때 입는 옷인지에 따라 다르며 또 어떤 소재인지에 따라서도 다르기 때문이다. 그 와중에 기법을 고를 방도가 있는가 고르는 것이 맞는가 고민하다가 이런 재밌는 기법들이 있다 싶은 것들을 떠올렸는데, 이들의 공통점은 유튜브에 나오는 정교한 수선 지식을 몰라도 괜찮은, 수선과 리폼의 경계에 서성이며 수선의 정석으로 조명받지 못한, 그러면서도 나 스스로 이 방법을 실행하여 현재까지도 잘 착용하고 또 사용하고 있는 그런 기법 몇 가지다. 재봉틀을 기본으로 하지만, 가급적 옷을 복잡하게 재구성하지 않고, 가급적 산수를 하지 않고, 재봉틀이 반드시 아니어도 일부는 할 수 있는 그런 기법이다.

모든 수선의 기본,
패턴 스티치 사용하기

스티치란 바늘의 한 땀, 혹은 이 땀으로 수놓은 것을 말한다. 손으로 놓으면 수수하고 담백한 맛이 있고 재봉틀로 하면 기세 좋게 번져 나가는 맛이 있다. 이 양단을 오가는 스티치는 정교하면 좋지만 정교하지 않아도 좋은, 그래서 그 자체로 공예적이기도 하며 실용적인 자유도 높은 기법이다. 나는 스티치, 그중에서도 지그재그 스티치를 자주 사용하는데 오염되거나 구멍이 생겼을 때, 두 직물을 이어 붙일 때, 직물에 그림이나 글자를 새기고 싶을 때, 포인트를 줄 때 등 갖은 곳에 동원되기 때문이다. 스티치의 장점은 마구 해도 괜찮다는 점이며, 단점은⋯ 아직 찾지 못했다.

패턴 스티치는 생각보다 쓸모가 많다

워크숍을 진행하며 재봉틀을 다뤄 본 경험이 있는 멤버들을 이따금 만난다. 왜 오셨어요? 하고 물어보면 십중팔구

패턴 스티치

가, 공업용만 다룰 줄 알아서 패턴 스티치를 어떻게 사용해야 할지 감이 잡히지 않아 왔다고 말했다.

　패턴 스티치는 꾸밈의 영역이기에, 사용하지 않으면 평생 사용하지 않은 채 직선 박기만 해도 무방한 되는 그런 영역이다. 그렇지만 한 번 맛을 들이면 직선보다 패턴을 박고 싶은 욕구가 솟구치는 그런 영역이기도 하다.

　재봉틀 종류에 따라 다이얼, 스티치의 종류가 조금씩 다르지만 기본 구조는 똑같아서 한 가지 재봉틀만 제대로 사용하면 다른 재봉틀은 금세 익힐 수 있다.

1) 패턴 다이얼

스티치의 패턴을 변경하는 다이
얼이다. 모양 번호에 맞춰 다이얼
을 돌려 변경한다. 기종에 따라
패턴의 종류가 다르고, 다이얼의
위치나 변경 방식이 다르지만 다
이얼 자체의 구조가 직관적이기
에 어렵지 않다.

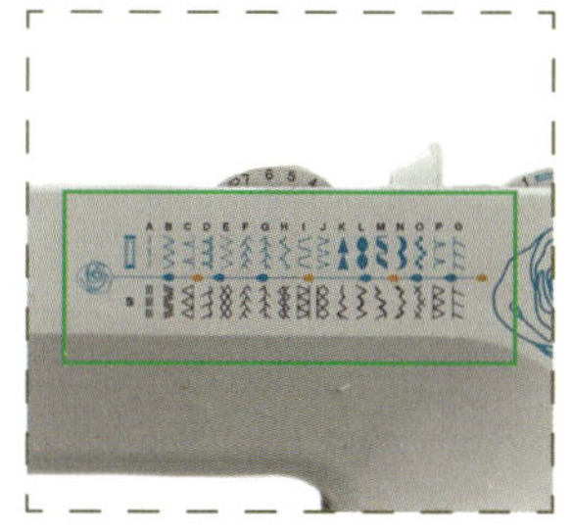

패턴 다이얼

2) 땀폭 다이얼

숫자가 0에 가까워질수록 땀폭이
직선처럼 작아지고, 숫자가 7까
지 커질수록 땀폭이 커져서 모양
이 더 큼직하게 나온다. 대부분
땀폭을 크게 하여 모양을 또렷하

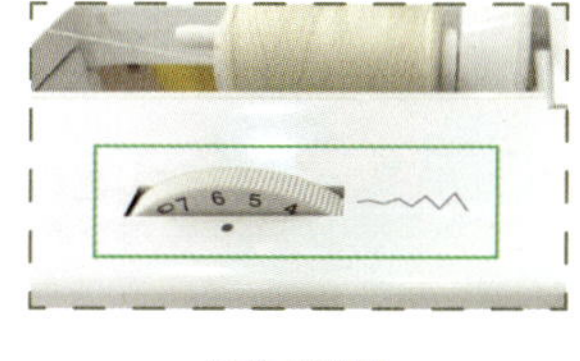

땀폭 다이얼

게 내는 편이다. 이 다이얼이 없는 재봉틀도 있다.

3) 땀수 다이얼

바늘땀과 땀의 간격을 말한다. 숫자가 0에 가까워질수록
땀수가 작아져 촘촘하게 박히고, 숫자가 커질수록 땀수가
넓어져 띄엄띄엄 박힌다. 직선 박기 시 3에 놓는 것이 평균

땀수로 우리가 옷에서 흔히 보는 모양이 나온다. 패턴 스티치의 경우 0에 가까이 놓는 것이 평균 땀수로, 촘촘하게 박혀 모양이 또렷하게 나타난다.

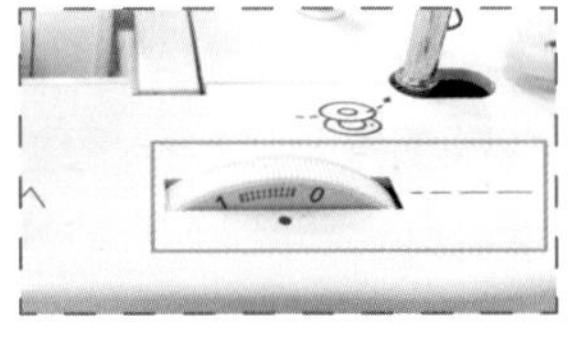

땀수 다이얼

	땀수가 0에 가까울 때	땀수가 중간값일 때	땀수가 4에 가까울 때
땀폭이 0에 가까울 때			
땀폭이 중간값일 때			
땀폭이 7에 가까울 때			

땀폭과 땀수

내 취향의 스티치를 찾기

기계 스티치 종류 재봉틀 종류에 따라 제공되는 스티치 기
법이 다르다. 얼마나 다양한 기법이 제공되는지는 다이얼
을 보면 알 수 있다. 나는 대체로 지그재그 패턴과 땋은 머
리 모양의 패턴 외에는 거의 사용하지 않지만 자수 문양을
좋아하는 사용자들은 기법을 다양하게 섞어 사용하기도
한다.

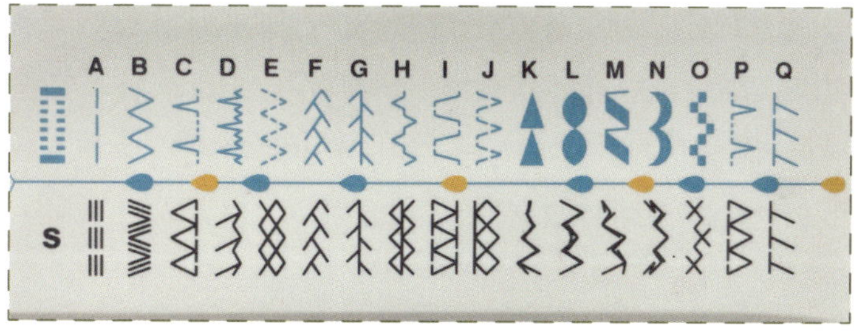

재봉틀에 표시된 패턴 스티치 종류

재봉틀의 패턴 스티치를 활용한 실제 패턴 스티치 모양

스티치로 시작하는
수선/작업 첫걸음

그럼 이제 스티치를 사용할 차례. 나의 워크숍에서 하는 방법을 소개한다! 이제까지 한 명의 낙오자 없이 즉흥 작업을 할 수 있던 첫걸음이자, 부담 없이 자기 작업으로 입문할 수 있는 나만의 방식이다. 별 대단한 방법은 아니지만, 남이 정해 준 것을 연습하는 것이 아닌 내가 생각한 것으로 연습한다는 점에서 그 출발이 다르다.

1) 종이에 대고 연습하기 (직선/패턴)

A4용지 정도의 크기에 직선과 곡선, 지그재그, 회오리 등 다양한 모양을 그린다. 별이나 고양이, 하트 등도 상관없다. 우선 한 장은 4, 5줄 정도 직선을 그려 직선 박기에 익숙해지자. 나머지는 자유 모양을 그려 내가 생각한 모양을 재봉틀로 그려 본다. 비뚤게 박아도 괜찮다. 실로 하는 자유로운 낙서일 뿐이니까.

다른 한 장도 마찬가지로 직선 4, 5줄을 그리고 나머지는 자유 모양을 그린다. 이번엔 패턴 스티치를 해 본다. 이 패턴 저 패턴으로 바꿔 가며, 또 땀수와 땀폭을 바꿔 가며 이에 따라 달라지는 패턴 스티치의 모양을 자유자재로 변형하고 마음에 드는 것을 찾아나선다.

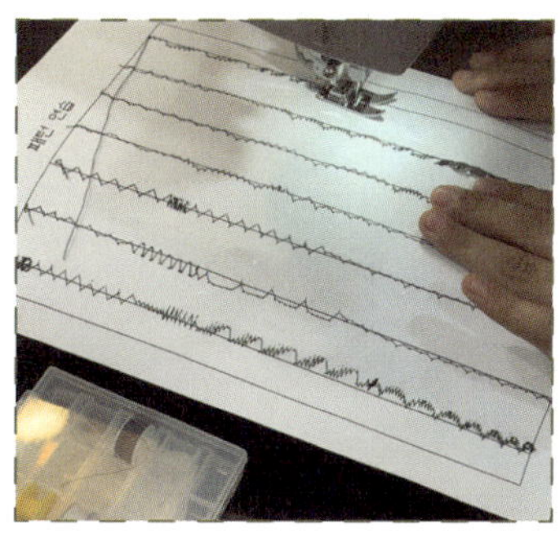

종이에 패턴 스티치 연습하기

2) 종이와 직물을 겹쳐 연습하기

종이의 재봉감과 직물의 재봉감은 다소 다르다. 직물에 따라서도 천차만별이지만 시폰처럼 흐물거리는 원단이나 운동복처럼 쭉쭉 늘어나는 소재를 다루는 것이 아니라면 직물이 훨씬 재봉하기 편하다. 그럼에도 종이를 겹쳐서 박아 보는 이유는, 직물에 복합적인 곡선의 그림을 그리는 것은 처음이기에 종이에 그려진 밑그림이 필요하기 때문이다.

이는 14cm × 14cm 정도의 너무 크지도 작지도 않은 크기의 종이에 좋아하는 단순한 모양을 그려 자투리 천 위에 대고 박는 연습이다. 그려진 실선을 따라 직선 박기로 재봉해도 되고, 다양한 스티치를 활용해도 좋고, 모양을 스티치로 채워 넣어도 된다. 색깔도 스티치 방식도 모두 자유다.

워크숍 경험상, 같은 모양의 종이를 주어도 모두가 다른 결과물이 나온다. 아 우리는 이토록 다르구나. 즉흥 작업에 지레 겁을 먹던 참여자들도 놀란다. 종이에 대고 하니 낙서 같기도 하고 어렵지 않음에, 해내는 스스로에게 누구나 놀란다.

가장 많이 듣는 질문은, 밑실과 윗실의 색을 맞춰야 하나요?다. 나는 늘 말하길, '마음대로 하세요!'라고 한다. 대개 밑실과 윗실의 색을 맞추어야 한다고 하지만, 정해진 게 아니다. 외려 즉흥 작업을 할 때, 밑실과 윗실 색이 다를 때, 뒷면의 색 조합이 더 예쁜 경우가 있기 때문이다. 이는 내가 의도한 것이 아니다. 우연히, 어쩌다가 들어온 색감이다. 이 또한 경험상이지만, 워크숍 참가자들은 대부분 우연히 나온 뒷면을 더 마음에 들어 했다.

어찌 되었든, 모두 박았다면 이제 종이를 뜯는다. 앞면과 뒷면을 확인하여 내 마음에 드는 면을 선택하고, 면 위에 동일한 천 한 장을 올려 겹쳐 박아 컵 받침을 만들어 본다.

스케치 종이를 뜯은 앞면   스케치 종이를 뜯고 난 뒷면

밑실을 달리하면 이렇게 다른 색 조합이 나타난다. 수선을 하다 보면 우연한 조합을 즐겁게 받아들이는 연습은 수시로 일어난다.

3) 실수 메우기 연습

워크숍에 이 세션이 따로 구분되어 있는 것은 아니고 실습을 하며 일어나는 실수들에서 자연스레 진행되지만, 따로 언급해 본다. 자투리 천에 가위나 송곳, 커터칼 등으로 흠집을 내고 다양한 방식으로 이를 감춰 보거나 실습 시 발생한 실수 등을 메워 보는 연습이다.

171

① 실수로 구멍이 났다!

다른 색을 사용해 감춘 작업물

비슷한 색으로 덮거나, 해당 천의 배색으로 덮거나, 일부러
보색으로 덮는다.

② 재봉하다 삐끗해 버렸다!

패턴 스티치로 감춘 작업물

패턴 스티치로 원래 의도한 무늬인 양 시치미를 뗀다. 어디
를 삐끗했는지 찾을 수 없을 테다. 왜냐면 스티치가 엇나간
곳은 패턴 스티치 아래에 이미 감춰졌으니까.

6장 일상 속 수선

③ 테두리가 울퉁불퉁 삐뚤빼뚤해졌다!

지그재그 스티치로 감춘 작업물

테두리에 지그재그 스티치로 둘러 감춰 버린다.

④ 그냥 다 덮어 버리고 싶다!

자투리 천 조각으로 감춘 작업물

주름을 만들어 감춘 작업물

자투리 천 조각을 대강 덧대어 원래 의도한 것처럼 시치미
를 뗀다. 능숙한 사람이라면, 주름을 만들어 감춰 준다.

모두가 매번 실수하고, 모든 게 매번 자기 생각대로 만들어지지 않는다. 마치 우리의 하루하루처럼. 그러나 어떨 땐 더 마음에 드는 결과로 갈무리되기도, 어떨 땐 마음처럼 되지 않은 그 모습이 멋스럽기도, 어떨 땐 조금 아쉽지만 그런대로 마음에 들기도, 매번 맞닥뜨리는 과정이 그러하다.

　이 과정은 4주간의 워크숍이 진행되는 내내, 워크숍이 끝나는 그 순간까지 이루어진다. 내가 하고 싶어서 하는 것이 아니고 이러한 일이 계속해서 발생하기 때문이다. 처음에는 내가 도와주지만 마지막 주차에 가서 멤버들은 스스로 궁리한다. 이 패턴 스티치로 감추면 될 것 같아요, 이 천을 덧대면 될 것 같아요, 이대로 둘래요, 하고.

4) 행주/컵 받침/테이블 매트 실습

앞선 방식으로 사이즈를 키우면 행주가 되거나 테이블 매트가 된다. 컵 받침과 행주는 크기의 차이일 뿐 만드는 방법이 같다. 이러한 과정을 거치는 이유는, 첫째로 내가 원하는 모양을 그리며 재봉틀의 페달 밟는 행위에 익숙해짐에 있고, 둘째로 무의식적으로 떠오르는 혹은 내게 친숙한 모양을 재봉틀로 표현하는 것에 적응하는 데에 있다.

컵 받침

대각선으로 오염이 있던 천을 네모나게 잘라 댕기머리 모양 패턴 스티치를 활용해 벼 이삭처럼 그려 준 컵 받침이다.

늘 처음에 대단한 디자인을 해야 한다는 강박을 갖고 온다. 이 기회에 뽕을 뽑아 버려야지, 이 기회에 제일 잘한 것을 가져가야지. 나는 늘 말한다. 여러분, 이거 실습이에요. 너무 열과 성을 다하지 마세요. 어차피 우리는 4주 동안 계속 만들 거고요, 여러분은 계속 실수할 거고요, 모든 게 다 생각과 다르게 나올 거예요. 너무 열과 성을 다하지 마세요. 어떻게든 됩니다.

그러고서 한 시간 한 시간이 줄고, 이제 집에 갈 시간이 30분쯤 남았음을 알릴 때, 비로소 모두의 순간적 창의력이 풀가동하기 시작한다. 고민을 줄이고 에라 모르겠다! 손 가는 대로 달리기 시작한다.

나는 워크숍 시작 시간 30분 전부터 공간을 열어 둔다. 일찍 와서 무언가를 더 만들고 싶은 멤버들은 언제든 일찍 와도 괜찮다. 이때 오는 분들의 마음가짐은 가볍고 경쾌하다. 그냥 심심풀이의 무언가를 하러 온다. 대단한 무언가가 아닌 재미로 만들고 재미로 연습할 무언가. 그렇게 만들기에 대한 부담을 덜고, 손에 무언가를 익혀 가고, 무언가를 해냈다는 자신감을 얻고, 재봉틀로 그리는 그림일기의 재미를 오랜만에 느껴 본다.

그렇게, 어떻게든 된다.

헌 옷에서 수선 아이디어 얻기

자 이제 우리는 옷감을 만질 준비가 되었다. 근데 어떻게 하는 거지? 어떠한 제품 만들기로 바로 들어가도 되지만, 옷을 처음 잘라 본다면 아마 막연하고 두려울 것이다. 잘 잘라야 하고, 어떤 구체적인 형태를 상상하며 만들어야 하기 때문이다. 대부분의 수선은 여기서 멈춘다.

나는 수선의 세계를 좀 더 폭넓게 즐기는 방법을 권하고 싶다. 잘 자르지 않아도 되고, 반드시 구체적인 형태를 상상하지 않아도 그때그때 가변적으로 만들어 갈 수 있는 수선. 제품을 만들러 왔다가 다들 여기에 더 빠져서 돌아가는, 자투리 천으로 만든 액자다.

원단의 패턴을 활용해 보기

누군가에 의해 미리 검증을 거친 옷감의 패턴을 활용한다는 점에서 처음 시작할 때 가장 접근하기 쉽고 활용도 높은 방법이다.

　① 옷감의 색이나 패턴에 맞춰 밑그림 그리기
자투리 천이나 입지 않는 옷을 활용해 만드는 것이니 그 옷
감의 색에 맞춰 배색을 하고 밑그림을 그린다. 상상하는 배
색에 맞는 색이 없어도 괜찮다. 또 다르게 채우는 방법이
있다.

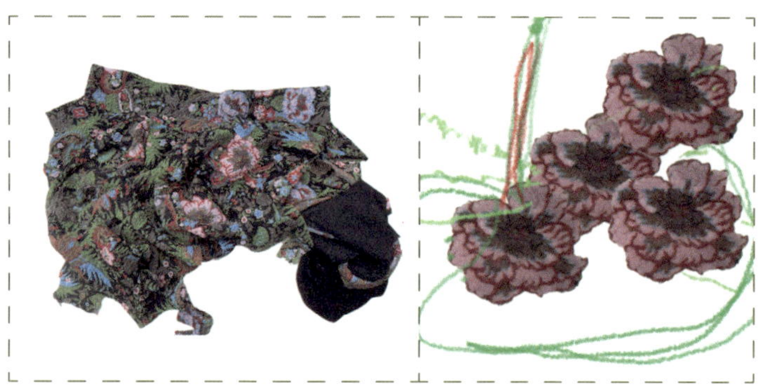

다른 수선에 활용했다가 남은 자투리 옷.
　원단의 꽃무늬가 예뻐, 꽃만 오려 낸 뒤 밑그림을 그려
보았다.

② 배치해 보기

밑그림을 그리는 것과 배치하는 것은 또 다르다. 막상 배경색이 어울리지 않거나, 다른 배치가 예쁘거나 하기에 그때그때 달라진다.

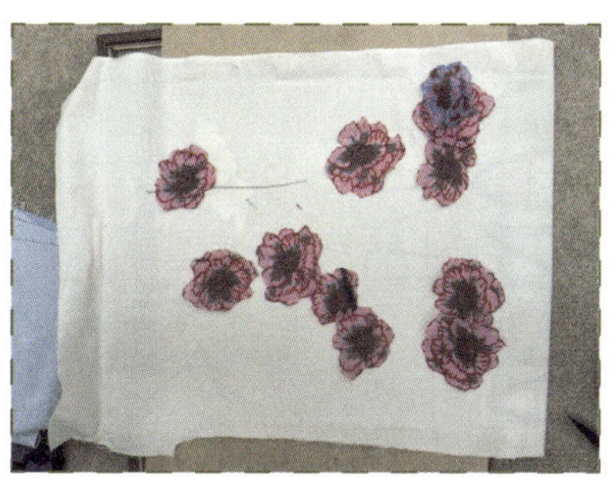

기본적인 배치는 위와 같이 가되, 흰 배경보다 검은색 배경이 어울리는 듯하여 배경색만 바꿔 주기로 했다.

　　검은색 옷감이 부족해 물감으로 색칠하고, 옷의 초록색 부분을 이어 붙여 배색을 주었다.

　③ 재봉하기
패턴 스티치로 가장자리를 따라 박아 준다. 별다른 기교 없이 원단을 따라 재봉하는 것만으로도 충분하다.

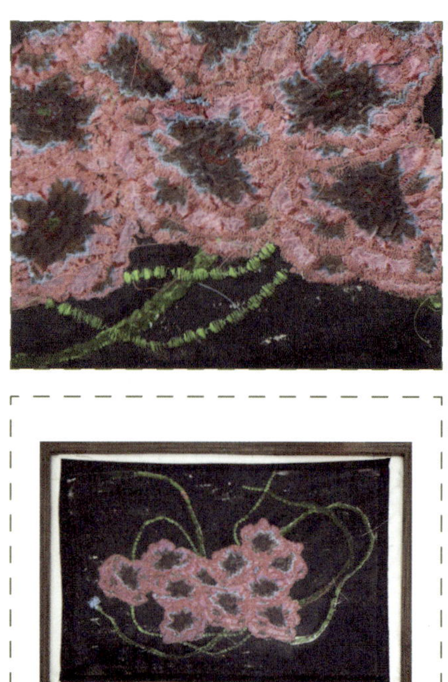

어려워 보이지만 잘라 낸 그대로 패턴 스티치를 박아 주면
된다. 예쁘고도 간편하다. 적은 고민과 그에 비해 꽤 괜찮
은 본새를 낼 수 있는 방식으로, 직물 액자나 책싸개, 열쇠
고리 등 여러 장식품에 사용할 수 있다.

사은품의 광고문구를 가리기 위해 광택이 있는 분홍빛 천
에 패턴 스티치를 박은 에코백.

원단에 있던 꽃 모양을 그대로 오려 만든 가방.

인쇄된 글자를 오려, 잘린 모양대로 따라 박고 프린지를 덧
대 주었다.

자유롭게 오려서 활용해 보기

① 마음 가는 대로 잘라 보기

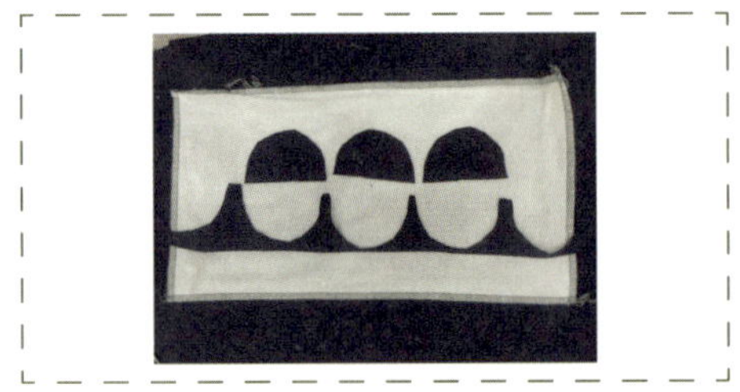

    6장 일상 속 수선

손 가는 대로 원단을 잘라 본다.

② 이리저리 배치해 보기

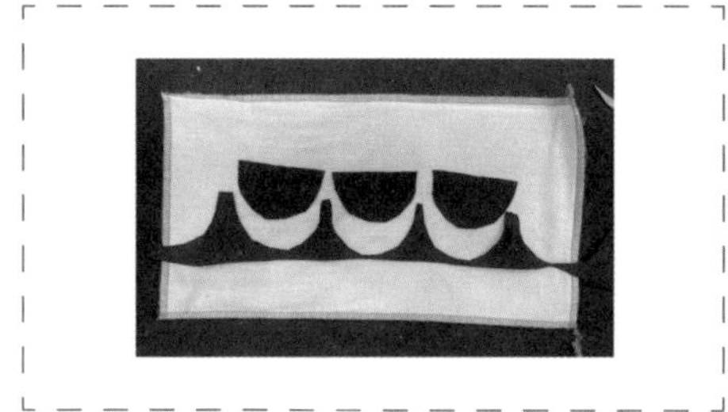

이리저리 움직여 가며 모양을 잡아 본다.

③ 마무리하기

다른 원단이 있다면 함께 배치해 보고, 없다면 물감이나 색연필 등으로 색칠하여 마무리한다.

　　자유도가 높아 처음엔 당황할 수 있지만 밑그림 없이 손 가는 대로 진행하며 본능적인 손작업에 접근해 볼 수 있는 방법이다. 작은 컵 받침 크기부터 시작하면 좋다.

워크숍 멤버가 가방 뚜껑을 재단하려다 팬티(?)처럼 재단되어 포기한 천으로 정말 팬티를 수놓아본 자투리. 자투리 레이스 원단을 조각내어 이리저리 붙였더니 정말 팬티 같아졌다.

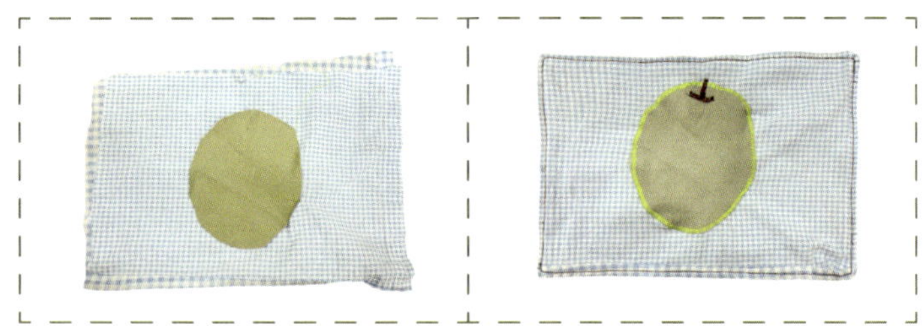

체크 무늬 와이셔츠를 잘라 위에 동그라미 하나만 두고 재봉했을 뿐…. 모든 것은 옷의 조합이 다 했다.

남은 자투리 원단에 패턴 스티치로 낙서해 보기

① 밑그림 그리기

남은 자투리 원단을 활용해 작은 액자를 꾸며 보려 한다. 첫걸음으로, 동그라미 형태부터 시작해 보았다. 네모여도 무관하다.

② 색 표현하기

바깥으로 갈수록 옅어지는 그러데이션 원형을 만들어 보려 한다. 중앙부는 다소 진한 색으로 지그재그 스티치를 해주었다. 지그재그 패턴은 지그재그 사이에 빈틈이 있기 때문에 다른 색을 섞었을 때 무언가가 번져 나가는 형태를 표현하기에 가장 적합하다.

다음으로 한 단계 옅은 색을 골라 진한 초록색 가장자리부를 덮어 가며 둘러 준다. 색이 퍼져 나가는 형태를 표현할 것이기 때문에 색이 옅어질수록 더 넓게 둘러 줄 것이다. 즉, 색1의 가장자리를 색2가 덮어 가며 두르고, 색2의 가장자리를 색3이 덮어 가며 둘러 주는 것이다. 이렇게 밑그림 그려진 원을 채워 나간다.

한 단계 더 옅은 색을 선택해 큰 동그라미까지 지그재그 패턴 스티치로, 그 위에 덮고, 또 덮으니 다음 같은 모양이 나타났다. 이대로 두어도 좋고, 여기에 무언가를 더해도 좋다.

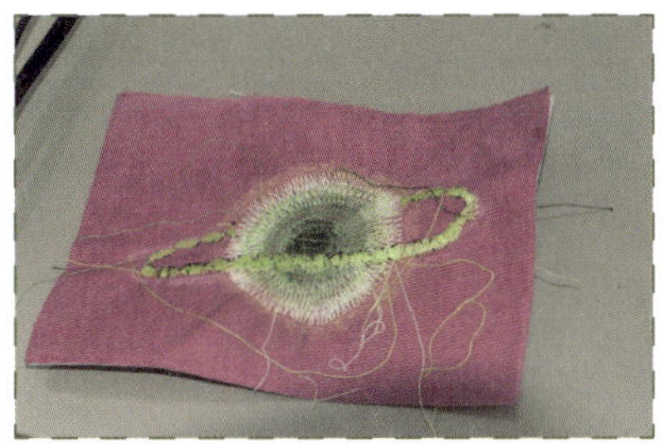

나는 여기에 행성의 의미를 부여해 행성 고리를 둘러 주고 1000원숍에서 판매하는 액자에 끼웠다.

세상에 수억 벌의 옷이 존재하는 만큼 리폼도 수억 벌의 형태로 변형될 수 있다. 백지에서 갑자기 무언가를 해 보라고 하면 엄두가 나지 않는 것처럼 수선 디자인도 마찬가지다. 이 자투리들을 새롭게 변형해 보세요! 라고 하면 우리는 우선 어떤 형태로 해야 할지, 어떤 방식으로 해야 할지, 어떤 꾸밈을 넣어야 할지, 어떤 색의 배치를 해야 할지, 또 정해야 할 항목조차 가늠이 되지 않는다. 이럴 때 가장 친절히 도움을 얻을 수 있는 건 기존의 옷이다.

옷이란 디자인한 누군가가 반드시 존재한다. 그리고 이러한 형태로 디자인한 이유 또한 반드시 존재한다. 이 형태가 안정적인 듯 보여서, 이 색 조합이 균형 잡힌 듯 보여서, 이 단추가 원단을 잘 살려 주는 듯 보여서 등 누군가에게 나름 만족스러웠던 그들의 시선이 있다. 이를 활용해 우리만의 시선으로 재해석하는 것, 이것이 우리를 백지의 늪에서 이끌어 준다. 가령 누군가가 유독 둥글게 디자인한 넥 칼라, 혹은 누군가가 화려하게 배치한 원단 속의 그림, 어쩌면 유독 한 곳에 집중되어 있는 프릴. 똑같은 옷은 없다(카피품은 있겠지만…). 우리는 이 다름으로부터 나의 다름을 발견하면 된다. 유독 둥근 넥 칼라를 주머니의 장식으로, 유독 화려한 원단의 그림을 액자로, 유독 한 곳에 집중된 프릴을 가방의 입구로. 그렇게 옷은 수선 속에서 직물로 돌아가 다른 무언가가 되고, 이름 모를 누군가의 시선도 수선 속에서 직물로 돌아가 나의 무언가가 된다.

6장 일상 속 수선

색의 조화는 새로운 디자인을 내어놓는 것에 앞선다. 조화로운 배색은 단출한 면보 한 장도 아름다워 보이게 한다. 세상에 내어진 옷은 이미 배색을 많은 이들에게 인정받아 매장에 놓였다. 이 배색을 적극 활용해 보길 권한다.

아이보리와 검은색의 배색을 살려 가방으로 새로이 디자인하였다.

재킷의 겉감과 안감의 배색, 재킷에 그림자가 드리웠을 때의 색까지도 그대로 살려 안감을 노출하고, 그림자 색을 지닌 스웨터의 조각을 잘라 이어 붙였다. 손잡이는 재킷의 칼라를 그대로 사용했다.

옷의 형태 활용하기

패션디자인을 경험해 보지 않은 상태에서 무언가를 디자인하는 일은 높은 장벽이다. 옷에는 이미 사람의 손이나 머리 등 신체의 움직임에 맞게 계산된 사이즈와 형태가 있기에 이러한 것을 활용해 보면 좋다.

재킷의 주머니를 떼어 내 자투리 조각으로 리본을 만들어 달고 레이스 조각을 잘라 한 귀퉁이에 재봉하였다. 사람의 손이 들어가고 일정량의 소지품을 넣을 수 있게 만들어진 재킷 주머니이기에 그대로 사용할 수 있다.

모자에 손잡이를 달고, 거기에 지퍼만 더했다. 계절별로 다

른 모자가 나오니 꽤나 실용적인 디자인이다. 봄여름엔 리넨이나 밀짚으로, 가을 겨울엔 니트나 벨벳으로. 지퍼 다는 기술은 익혀야겠지만, 지퍼 하나만 달 수 있어도 우리가 할 수 있는 수선의 너비는 무한히 확장될 것이다.

데님 스커트의 앞주머니와 뒷주머니를 모두 살려 장식으로 활용해 주었다. 주머니 안감은 그대로 노출시켜 디자인의 영역으로 살렸다.

가죽 재킷의 특징적인 칼라 부분을 살려 장식으로 활용해
주고, 재킷의 일자 스티치 부분도 가방 몸체의 한 부분으로
활용했다.

재킷의 모자 부분만 뚝 잘라 복조리 모양으로 활용해 주었

다. 번쩍이는 원단이 특징이라 그에 맞는 구슬 손잡이를 달아 주었다.

바지의 허리 부분 고무줄을 그대로 사용했다. 허벅지 부분에 달려 있던 주머니도 살려 가방의 옆 주머니로 쓰였다. 즉, 바지의 다리 부분을 잘라 바지 윗부분만을 사용해 만들었다. 가운데 번쩍이는 원단은 바지를 뒤집었을 때 드러나는 안감을 그대로 재봉했다.

손 가는 대로 변형해 보기
가장 많이 사용하는 방식이다. 옷을 보고 머릿속에 특정 디자인이 떠올라도, 막상 해 보면 어울리지 않는 경우가 많다. 이럴 때 옷을 잡고 이리저리 움직이며 형태를 다듬어 본다. 이 방식은 자연스레 해당 옷의 특징을 중심으로 만지게 되어 옷의 특징을 살려야겠다는 강박이나 의식 없이 아주 원초적으로 구상해 볼 수 있다.

팔소매를 이어 손잡이로 만들었을 뿐인 구상. 여기서 바로 니트 에코백이 되었고, 니트 특유의 러프함과 해당 옷의 가운데 절개선이 잘 살았다.

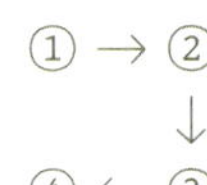

6장 일상 속 수선

플레어스커트의 주름을 살리고, 아랫단을 잘라 둘둘 말아
주어 꽃 모양과 손잡이를 동시에 연출했다. 잡아 준 형태를
그대로 재봉틀로 고정하기만 되는 손쉬운 만듦이었다.

옷의 가운데를 움켜쥐었을 때의 모양이 마음에 들어 그 모
양을 따라 재봉해 주었다. 밑단을 약간 잘라 프릴 장식으로
마무리.

    헌 옷으로 무엇까지 만들 수 있을까?

헌 옷 창고에서 3천 원에 구매해 온 유아용 스팽글 후드.

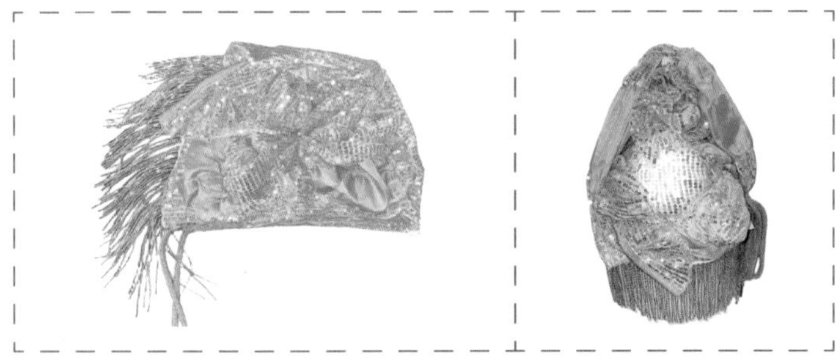

후드만 잘라 술을 달아본 모자와 여분의 천을 활용해 안에
램프를 넣고 만든 벽걸이 조명 오브제.

남겨 두었던 헌 옷의 조각들을 이어 붙여 만든 구두 핸드백 오브제.

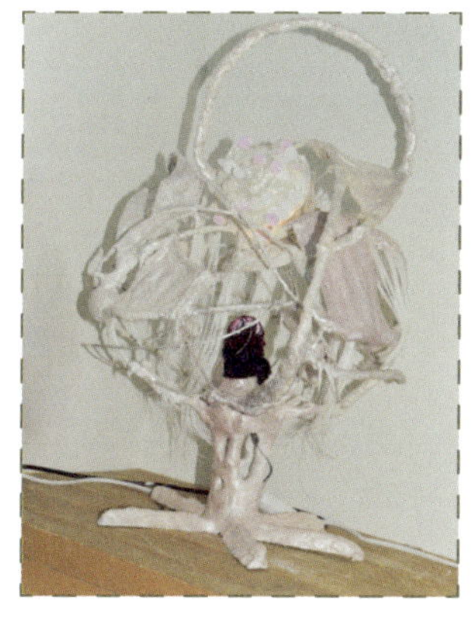

남겨 두었던 옷과 자투리 천을 감은 뒤 점토와 물감을 발라 만든 조명 오브제.

옷을 뜯지 않고 할 수 있는
간단한 옷 수선

두 직물을 이어 붙이거나 구멍을 막아 보기

가장 많이 사용하는 기법이다. 일자 박기가 지저분하게 되거나 밋밋한 곳에 포인트를 주고 싶을 때 진행해 주면 무심하게 툭 박혀 있는 볼거리가 되어 준다.

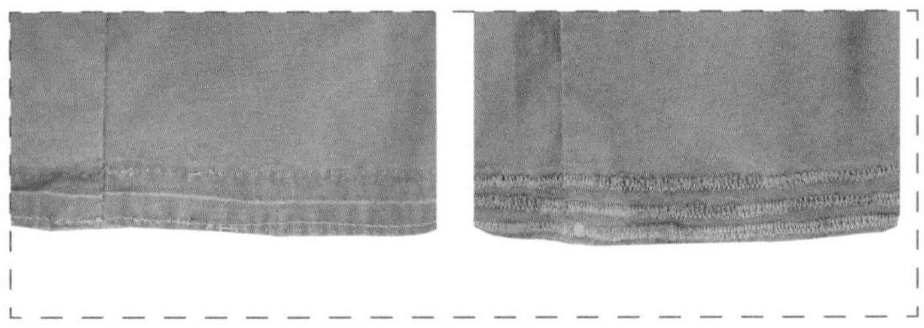

7부 기장을 8부로 만들기 위해 바지의 밑단을 텄더니 바늘 자국이 뿅뿅 나 있고 잘못 튼 곳은 구멍이 나 버렸다. 동일한 색상의 실로 바늘 자국과 구멍을 따라 밑단을 둘러 주었다.

가방 끈을 기존과 동일하게 제대로 박으려면 가방의 안감과 겉감을 분리해야 하기에 손쉽게 지그재그 스티치로 고정해 주었다. 기존과 동일한 방식으로 박지 않아도 지그재그의 촘촘한 땀수로 인해 절대 떨어지지 않는다. (오히려 더 튼튼할 수도….)

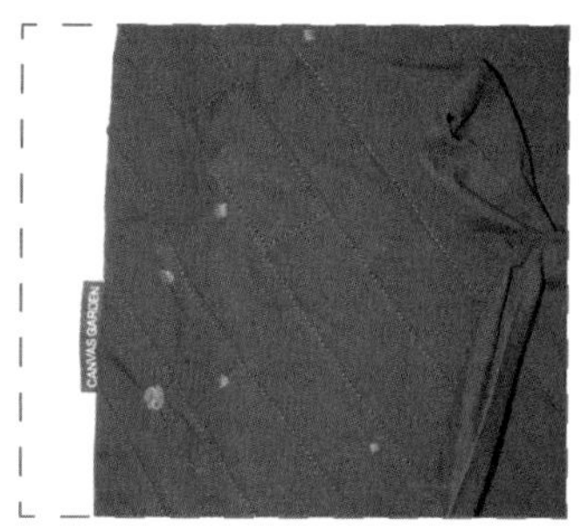

잘못 재봉하거나, 튀어나온 실밥을 다듬다가 중간에 구멍

이 뽕뽕 뚫려 스티치로 박아 주었다. 함께 활용되는 배색을 활용하면 꽤 귀여운 포인트가 된다. 조금 뜯어진 정도로 새로 구매하지 않아도 괜찮다. 조금 얼룩진 정도로 나만의 길이 든 물건을 버리지 않아도 괜찮다. 작은 구멍 막음으로도 새로워지고 아주 귀여워진다. 똑같고도 새로운 물건은 지금 내게 있다.

체형에 안 맞는 옷 - 허리가 큰 상의 수선하기

손바느질로도 할 수 있는 수선으로 제한하여 설명해 보려 한다. 하여 재봉틀의 개입이 절대적인 하의는 생략하고 상의 수선, 되도록 옷을 뜯지 않고 수선할 수 있는 방법 몇 가지를 예시로 들었다. 본디 본격적인 옷 수선은 수학적인 계산과 오버로크 기계 등이 필요하나 나는 그런 수선보다 간편하고 자유도가 높은 방법을 선호하는 편이다. 내가 예시로 드는 다음 방식은 정석적인 수선이 아닌 나만의 '야매' 수선이다.

① 고무줄로 줄이기

직관적으로 고무줄을 옷 뒤나 옆에 달아 허리를 줄여 주는 방식이다. 갖고 있는 옷의 현재 실루엣에 따라 어디에 고무줄을 배치할지 고민한 뒤 달아 주는 것이 좋다. 내 경우 와 이셔츠나 블라우스에 사용했다. 덧붙여 이 방식은 바지 허리를 줄일 때 사용하기도 한다.

② 끈 달아서 줄이기
끈이 필요하지만 가장 손품이 들지 않는 방법이다.

원하는 색상의 끈을 등 양쪽에 달아 준다. 끝!

체형에 안 맞는 옷 - 많이 파인 옷 좁히기

옷의 두께나 소재, 파인 모양 등에 따라 적합한 방식이 다르니 손으로 모양을 잡아 보고 진행하는 게 중요하다!

① 천을 덧대어 가려 주기

파인 곳에 감추고 싶은 만큼 적당한 색상의 옷감을 이어 붙여 주는 방식이다. 깊게 파인 V에 사용할 수 있다

많이 파여 있던 옷에 어울리는 옷감을 잘라 가슴 부분에 덧대어 재봉했다.

② 손 주름을 잡아 좁혀 주기

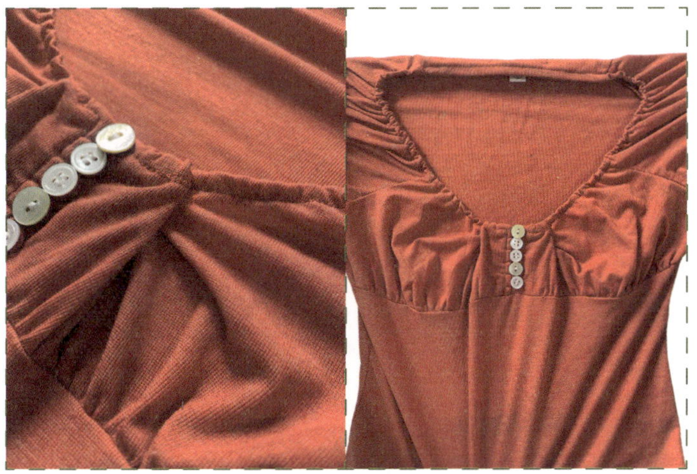

나는 많이 파인 U넥에 주로 사용했다. 쉽게 손주름을 잡아 주는 방식과 고무줄을 달아 주름을 잡아 주는 방식이 있다.

넥라인이 많이 넓어 1번 방식처럼 천을 덧대는 것보다는

넥라인을 좁혀 주는 편이 낫다는 판단으로, 주름을 잡아 좁혀 주었다.

③ 고무밴드로 넥라인 좁혀 주기

어깨 안쪽에 고무밴드를 달아 어깨끈을 좁혀 주는 방식이다.

고무밴드의 탄성으로 셔링이 잡히듯 모양이 나타난다.

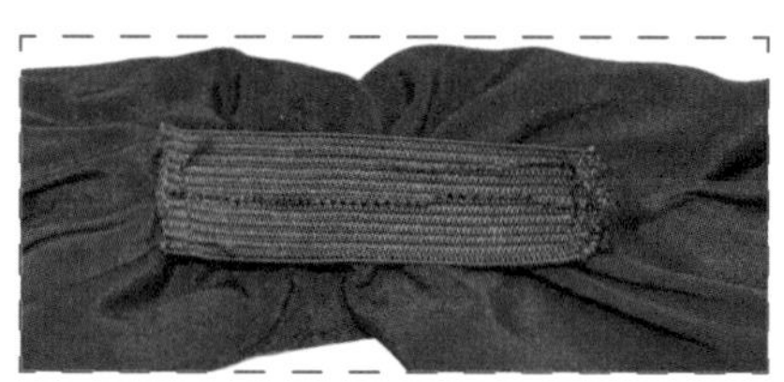

위와 같은 방식으로 고무줄을 재봉한다.

① 넥 칼라 부분 홀터로 변경하기

옷이 너무 예뻐 어떻게든 얼굴에 어울리게 하고 싶던 옷.
이리저리 매만지며 얼굴형과 넥라인이 왠지 어우러지지
않음을 알고 홀터넥으로 변경해 주었다.

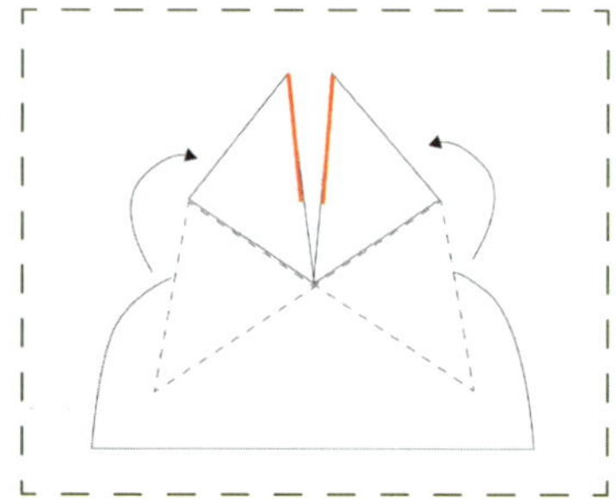

넥 칼라가 넓은 것이 특징이기에 이를 활용할 수 있다. 접힌 칼라를 피면 위의 도식과 같은 모양이 나타나는데, 빨간 라인에 맞춰 재봉해 주면 목 부분에 구멍이 있는 긴 홀터넥이 된다.

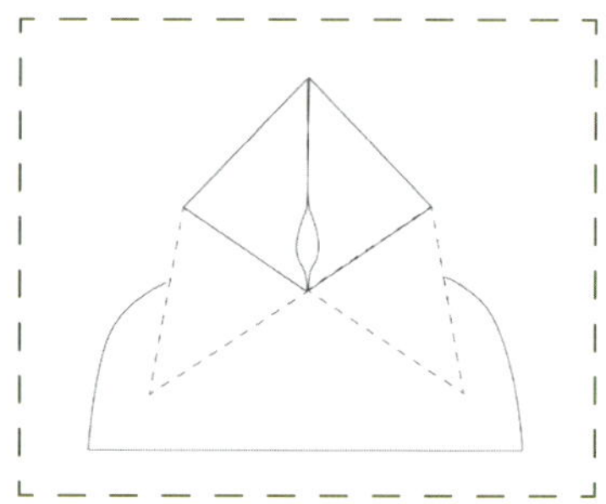

이때, 홀터 라인이 너무 뾰족하거나 길게 나와 홀터 부분을 접어 주었다.

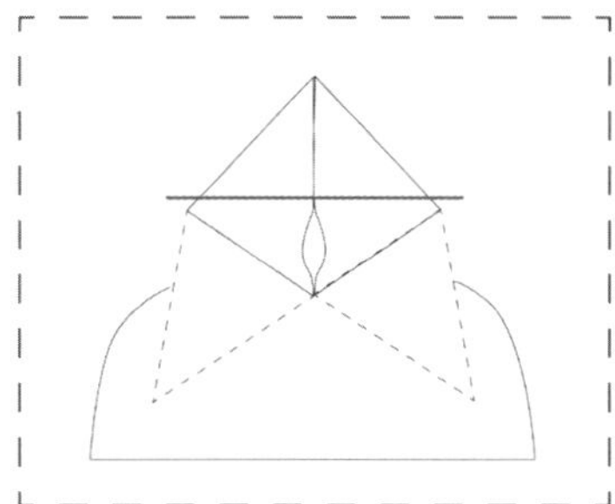

빨간 선만큼 안쪽으로 칼라를 접은 뒤 고정하였다.

나의 필요에 의한 삶을
알아 가는 것

나의 남편은 6.25 전쟁을 견디고 살아남은 집에서 자랐다. 남편은 어릴 적 화장실을 가는 게 그렇게 무서웠단다. 푸세식 화장실이었는데 집에서 나가야만 했기 때문이다. 지금 그 화장실은 집 밖에 있지 않고 양변기가 설치되어 집 안에 있다(화장실 건물과 집을 이어 버렸다). 그는 어릴 적 나무 마루에 누워 양철지붕에 떨어지는 빗소리를 듣는 게 그렇게 좋았단다. 지금 그 마루는 남편의 가족들과 앉아 과일을 먹고 커피를 마시는 거실이 되었다.

남편의 집은 그의 아버지의 아버지의 아버지부터 대대로 살아온 곳이다. 삼촌이 자라 방이 더 필요해지면 벽을 세워 방을 쪼갰고, 누군가 결혼을 하여 방이 비면 줄어든 거주 인원의 사이즈에 맞게 벽을 허물고 새로운 공간으로 바꿨다. 이는 모두 가족의 손으로 이루어졌다. 흙벽을 바르고, 페인트를 칠하고, 장판을 바르고, 전기를 설치하고, 기와를 얹고, 정화조를 팠다(그의 부모님 댁엔 없는 게 없다).

　남편은 처음에 아파트에서만 살아온 내게 자라 온 집을 보여 주기를 조심스러워했으나, 나에게 그가 자란 집은 '이야기 없이 무엇이 있습니까?'라고 묻고 싶을 만한 낭만적 공간이었다(물론 낭만으로만 이루어진 것은 아닐 테지만). 어머님 아버님과 오래전 마루였던 그 거실에 앉아 이야기를 할 때면 어김없이 집은 이야기의 일원이 되고 가족의 일대기로 번진다. 동생의 방은 원래 삼촌의 방이었는데 그 삼촌은 어쩌고저쩌고… 할아버지가 방에 계시던 시절은 어떠했는데 할아버지는 어쩌고저쩌고… 어릴 적 남편의 배때기를 치고 날아간 벌레의 악몽이 있는데 거기가 안방의 어디이고 그때 선풍기가 어쩌고저쩌고… 집을 재테크 수단으로만 알고 살아온 아파트 키즈인 나의 성장기에는 없는 이야기였다.

　우리 세대가 되어, 나와 남편은 우리의 의사와 상관없이, 우리의 생활 패턴과 무관하게 지어진 빌라에 몸만 들어가서 산다. 벽을 지을 수도 허물 수도 전기를 새롭게 설치할 수도 장판을 바를 수도 시트지를 바를 수도 없다. 물론 전세이기에 내 집이 아니거니와 살아오는 동안 이러한 모든 일을 상품으로써만 구매해 왔기 때문이다. 사무실에서 시트지와 벽지와 장판을 시도해 본 적은 있으나 전문가에게 의뢰하기로 단념한 지 오래다. 그러나 내 남편은 다 한다(이 이야기만 들으면 남편이 한세월 오래 살아온 사람이 아닐까 추측할 수 있겠으나 우리는 90년대생 MZ다). 그는 장판을 바르는 '일'은 익숙하지 않지만 이러한 것들을 '시도'하는 것에 두려움이 없다. '시도'하길 즐기는 그는 이러한 일뿐만 아니라 무엇이든 몸소 하길 좋아한다. 사무실에 페인트를 칠하자는 일에도 두려움이 없고, 에어컨을 직접 고쳐 보고 싶어 한다. 갑자기 분수처럼 샘솟는 변기 앞에서 변기 물을 다 맞아 가며 무엇이 문제인지 알아보는 데 거리낌이 없다. 그런 그는 대학생 시절 창업도 했고, 외국에서 매장도 운영했다. 두렵지 않았는지 물어보면 '어떻게든 구현하고 싶다'는 기분이 더 컸다고 말한다. 어릴 적부터 보고 겪어온 것이 이러한 그에게 스스로 무언가를 만들고 구현하고 시도해 보는 것은 당연한 일이자 모험이자 체험이자 놀이다. 이렇듯 몸소 만들고 고치는 환경에서 자란 이야기는 낭만으로만 점철되지 않는다.

나와 남편이 참새 방앗간처럼 들르는 한 부부의 커피집이 있다. 우리는 세 번 사무실을 옮겼어도 여전히 성동구에 있는데, 모두 그들 때문(?)이다. 그곳의 단골이 되며 우리는 성동구가 정말 좋은 동네가 되었으면 좋겠다고 생각하게 되었다. 주변 상인들과도 교류하게 되었고, 지역 공동체라

에필로그 나의 필요에 의한 삶을 알아 가는 것

는 것에 구체적으로 관심을 가지며 새로 만나는 동네 분들과 흔쾌히 이야기할 수 있게 되었다. 동네를 좋아하게 되는 이유는, 인프라나 집값 때문이 아니라 행복하길 바라는 사람들에 있음을 처음 알았다.

호기심 가득한 그들은 매장의 가구를 직접 짠다. 목수인가 하면 전혀 아니고, 호기심이 들면 그 도구를 어떻게든 써 보고 원하는 무언가를 구현해야 하는 성정으로(어느 정도냐면, 맥주 기계에 꽂히면 온갖 기계 테스트를 하다가 깜짝 펍을 운영하고, 순댓국에 꽂히면 온갖 순대들을 맛보다가 순댓국을 팔고, 스테이크를 굽고 싶으면 갑자기 온갖 굽기 정도를 테스트하다 스테이크도 팔며, 떡볶이를 팔고 싶으면 온갖 조리 실험을 통해 떡볶이를 판다. 온갖 것들을 할 수 있는 그들 부부는 무인도에 가서도 살아남을 것이라 나는 확신한다) 나무 자재를 사서 신혼집의 몇몇 부분을 꾸민 것이 그 시작이었다.

그들이 운영하는 매장의 동선은 손수 만든 테이블을 따라가면 된다. 매장의 이용 방식은 손수 만든 테이블을 이용하면 된다. 입구부터 끝까지 마치 복도처럼 이어진 한 매장의 테이블은 '이곳을 잠시 요기하고 목을 축이고 떠나는 가벼운 바처럼 이용해 주세요. 이곳은 정거장입니다.' 하고 말한다. 들어가자마자 눈에 띄는 다른 매장의 긴 떡판 테이블은, '이곳에 옹기종기 앉아 유아차도 두고, 스케치북을

펴거나 베이커리를 펼쳐놓고 오순도순 이용해 주세요. 이곳은 여러분의 사랑방입니다.'라고 말한다.

매장의 구조를 바꿀 땐 만든 테이블을 해체해 길이나 높이를 다르게 하거나 다른 매장으로 옮기며 자유자재로 공간을 사용한다. 그들의 공간은 꽤 다이내믹하게 변화하는데 이는 모두 손수 만들어진 것으로 이루어지기에 가능하다고 나는 생각한다. 해 보고 싶은 일들의 형태도 방식도 모두 다른 경우, 기성품으로 매번 구현하는 것은 엄청난 낭비가 수반되기에 돈이 흘러넘치는 사람이 아닌 이상 시도하기 어렵기 때문이다. 그리고 그 후엔 후회와 허무도 따라오리라.

이들 부부가 세상을 탐구하는 방식은 스스로 조합하고 시도하며 즐거움과 보람을 찾아 나간다는 것에 있다. 그 조합은 손수 무언가를 만들거나 구현해 보는 것, 하나하나 완성하고 탐구하며 물건의 새로운 쓸모를 찾고 그 쓸모에서 우연찮게 자신의 기쁨을 얻기도 하는 것, 가구의 조합과 공간의 조합과 사람의 조합과 음식의 조합과 이들이 서로 교차하며 연쇄적으로 얻는 기쁨과 슬픔과 사랑과 가능성을 물어다 준다. 나는 그래서 여전히 이 동네에 있다.

《나는 내가 죽었다고 생각했습니다》(질 볼트 테일러, 월북,

　에필로그 나의 필요에 의한 삶을 알아 가는 것

2019)라는 책에 뇌출혈에 걸린 뇌과학자의 이야기가 나온다. 그는 좌뇌의 이성이 거의 마비되어 우뇌만이 활성화된 상태로 한동안을 보낸다. 색깔을 색깔로 인지할 수 없고, 컵을 컵이라는 형태로 인지할 수 없고, 건물과 산과 계단 등 일상의 모든 것을 형태도 이름도 알 수 없는 어떠한 희끄무레한 화소로 인지한 상태로 영혼과 같은 존재인 채 살아 있는 것에 대해 이야기한다. 어떤 사회적 주관적 인지도 되지 않는 지금을 '나'라고 말할 수 있는가. 나라는 정체성을 인지하지 못한 채 세상과의 관계 맺음이 불가한 지금을 '나'라고 말할 수 있는가. 나는 누구인가. 나는 무엇인가. 이것을 인간이라 할 수 있는가.

그의 생활은 세상과의 상호 작용이 돌아오기 시작하며 정상화되기 시작한다. 기타 치며 노래를 하고, 요리하며 냄새를 맡고, 운전하며 지리를 읽고, 호기심을 탐구하며 무언가를 배워 나가는 일들. 그는 세상과 관계 맺으며 스스로를 다시 인지하기 시작한다. 다양한 행위만큼 다양하게 세상과 관계 맺고, 관계 속에서 자신의 쓸모와 만족을 찾아나서며 정체성을 되찾아 간다.

세상을 탐구한다느니 정체성을 찾아간다느니 추상적이고 커다란 이야기를 하려던 건 아니었는데 직접 무언가를 만들고 조합하고 생각을 구현한다는 것은 궁극적으로 여기에 이르러 버리니 안 쓸 도리가 없다.

글을 쓰며 생각을 파고들어 보고, 주변을 구경하며 내 삶이 패턴이 정답이 아니라는 것을 느껴 보고, 자유롭게 콜라주하며 무작위한 것에서 오는 미적 만족을 경험하고, 옷을 수선하며 내게 더 어울리는 것을 알아 가고… 이러한 것들이 없다면 나는 무엇인지, '그냥 일했어요.'로 끝나 버리는 설명이라면 내 삶은 무엇인지 나는 잘 설명할 수가 없다.

사소한 행위 하나가 우리의 일상을 드라마틱하게 바꿔 주진 않는다(삶이 드라마틱하게 바뀐다면 그것은 커다란 행운이거나 커다란 불운일 것이다). 그러나 우리의 하루하루는 우리의 행위들로 채워져 있다. 그 사소한 행위는 우리의 결핍을 위해, 만족을 위해, 호기심을 위해, 콤플렉스를 위해 행해지고 결핍과 만족과 호기심과 콤플렉스는 차차 채워져 간다. 다시 말해 나는 내 행위의 축적이다. 즉, 무언가를 행위하는 일이란 세상과 유관해지는 것. 자신이 무엇에 만족을 찾고 무엇을 원하는지 더욱 알아 가는 일이다.

그러나 이 모든 행위를 '소비'라는 형태로 대체하는 시대를 산다. 하루 동안 얼마만큼 만족스러운 행위를 하고 있는지 세어 보자(단, 폭식이라든가 충동 구매라든가 홧김에 저지르는 행

 에필로그 나의 필요에 의한 삶을 알아 가는 것

위는 제외한다. 이들은 후회를 남기기 때문이다). 음악을 들으며 리프레시하는가? 몸을 만족시키는 음식을 먹는가? 스스로를 새롭게 표현하는 그림을 그리는가? 복잡한 생각을 정리해 보는 글을 쓰는가? 손끝의 감각을 깨우는 새로운 재료를 만져 보는가? 뻔하던 무언가를 새로이 편집하며 새로움을 추구해 보는가?

생각보다 만족을 추구하는 행위를 하고 있지 않음에 놀랄 수 있다. 대부분 이를 구매하기 때문이다. 요리하는 대신 밀키트나 레토르트를 사고, 고장 난 TV나 아이폰을 고치는 비용이 비싸 차라리 새것을 사고, 내 몸에 옷을 맞출 바에야 옷에 몸을 맞춰야만 하는 옷을 사며, 만들어 보는 대신 만들어진 오브제를 사고, 스스로 써 보기보다 타인의 글을 소비하고, 무엇보다 유튜브로 대리 만족하며 산다.

설거지를 하며 그릇을 깨끗이 하고 철에만 만날 수 있는 재료들을 손질하며 내 몸에 들어갈 먹거리를 만들고, 전자기기를 고치며 무언가를 해결해 보는 희열을 얻는 경험. 우리는 이 다양한 행위를 상품으로 치환하여 여기에 기대어 사는 것이 이미 익숙하다.

이것은 우리가 세상과 관계 맺는 것에, 다시 말해 우리가 우리의 일상에 고관여자가 되도록 돕는가? 그리하여 무엇을 필요로 하고 어떻게 만족시켜 나가는지 알아 갈 수 있는가? 스스로의 필요를 알지 못하면 행위의 즐거움을 잊고, 우연한 발견을 잊고, 예상치 못한 조화를 두려워하며, 호기심을 탐구하려는 의욕은 점차 희끄무레한 화소 같은 것이 되어 버릴 테다.

만들고 고치는 것은 어디로든 뻗어 나갈 수 있다. 구매는 한 번 하고 끝이지만, 만들고 고치는 행위는 하나의 물건을 가지고도 계속된다. 그 속에서 우리는 어려움을 맞닥뜨리거나 즐거움을 만나거나 해방감을 맛보거나 스스로의 감동을 느낄 수도 있다. 하나의 물건엔 이토록 다양한 가능성이 있다.

　나는 재봉틀을 만나 많은 것이 달라졌다. 시즌마다 새 옷을 사 입지 않게 되었고, 언어로 다 표현할 수 없는 느낌을 실과 직물로 표현하게 되었으며 이로 인해 그 재료가 무엇이든 표현하는 것을 어려워하지 않고 즐기게 되었다. 그러면서 내가 어떤 취향인지를 더 잘 알고 새 옷에 별 관심이 없어졌다. 누군가가 표현할 수 있도록 도울 수도 있게 되었고 재봉틀에 일어나는 대부분의 문제는 혼자서 수리하며 기계를 두려워하지 않게 되었으며 수선에 쓰이는 아주 하찮아 보이는 노동의 가치, 실과 단추 바늘과 이름 모를 온갖 작은 소도구들을 보며 이 행위를 이루는 미세한 단

　　　　에필로그　나의 필요에 의한 삶을 알아 가는 것

위의 존재감을 느낀다. 미세한 단위는 하나의 행위를 이루고, 미세한 행위는 하루의 일상을, 미세한 일상은 하나의 삶을 이룸을 느낀다. 결국 무언가를 뜯고 자르고 만지고 수선하며 끝까지 다루어 보는 행위란 알지 못하는 영역에 가닿아 그것과 또 다른 연관을 맺으며 다른 곳으로 뻗어 나갈 수 있는 가능성이다.

나는 직장을 관둔 겸, 내 옷도 수선할 겸, 우연히 발을 들여 이 세계를 만났다. 내가 무엇을 좋아하는지 모른다면 만지고 보고 자르고 내 맘대로 재구성할 수 있는 무언가와 연관을 맺어 보길 바란다. 이내 소비로 대체해 버림을 자각했다면, 그것을 만들어 보고자 시도하거나 배워 보길 바란다. 만들고 재구성하고 고치는 세계에는 나의 만족과 필요가 있다. 옷을 재구성하고 고치고, 물건을 재구성하고 고치다 보니 집의 환경을 재구성하고 고치고, 그러다 보면 일상의 루틴을 재구성하고 고치고, 어느새 삶은 나의 필요로 구성되어 있다. 우리는 내 삶의 고관여자니까.

직물을 잇고 조각을 수선합니다

초판 1쇄 발행 2026년 1월 21일

지은이   박정원
펴낸이   박영미
펴낸곳   포르체

책임편집   임혜원
마케팅   정은주 민재영
디자인   황규성

출판신고   2020년 7월 20일 제2020-000103호
전화   02-6083-0128
팩스   02-6008-0126
이메일   porchetogo@gmail.com
인스타그램   porche_book

ⓒ 박정원(저작권자와 맺은 특약에 따라 검인을 생략합니다.)
ISBN 979-11-94634-74-4 (03590)

여러분의 소중한 원고를 보내주세요.
porchetogo@gmail.com